FORSCHUNGSBERICHTE DES LANDES NORDRHEIN-WESTFALEN

Nr. 2086

Herausgegeben im Auftrage des Ministerpräsidenten Heinz Kühn
von Staatssekretär Professor Dr. h. c. Dr. E. h. Leo Brandt

DK 622.788

Prof. Dr.-Ing. Dres. h. c. Hermann Schenck
Prof. Dr.-Ing. Werner Wenzel
Obering. Dr.-Ing. Heinrich-Wilhelm Gudenau

Institut für Eisenhüttenwesen der Rhein.-Westf. Techn. Hochschule Aachen

Herstellung hochfester Pellets in ungebranntem und gebranntem Zustand

Springer Fachmedien Wiesbaden GmbH 1970

Verlags-Nr. 012086

ISBN 978-3-663-19953-3 ISBN 978-3-663-20298-1 (eBook)
DOI 10.1007/978-3-663-20298-1

Ursprünglich erschienen bei Westdeutscher Verlag GmbH, Koln und Opladen 1970.

Inhalt

A. Einleitung 5

B. Grundlagen der Herstellung von Eisenerzpellets 5

1. Grünpellets 5
   1.1 Bindungsmechanismus in Grünpellets durch Bewegungskräfte 5
   1.2 Bindung durch Kapillarkräfte 6

2. Gehärtete Pellets 8
   2.1 Getrocknete Pellets 8
   2.2 Gebrannte Pellets 8
   2.2.1 Magnetiterzpellets 9
   2.2.2 Hämatiterzpellets 10

C. Versuchsdurchführung 11

1. Versuchs- und Meßgerätebeschreibung 11
   1.1 Herstellung der Grünpellets 11
   1.1.1 Mahlen, Klassieren und Mischen der Erze und Konzentrate und der Zugaben 11
   1.1.2 Zusammenballen im Pelletierteller 11
   1.1.3 Bestimmen des Feuchtigkeitsgehaltes 12
   1.1.4 Bestimmen der Grünfestigkeit 12
   1.2 Brennen der Pellets 13
   1.2.1 Brennaggregat 13
   1.2.2 Bestimmung der Druckfestigkeit 13
   1.2.3 Bestimmung der Abriebfestigkeit 13
   1.3 Reduzieren von Feinerzen und Pellets 14
   1.3.1 Herstellung von vorreduziertem Material aus Erz 14
   1.3.2 Herstellung von vorreduziertem Material aus Pellets 14

2. Versuchsergebnisse und Kurzerläuterungen 15
   2.1 Untersuchungen an ungebrannten Pellets 15
   2.1.1 Verhalten von ungebrannten Pellets mit verschiedenen Wassergehalten 15
   2.1.2 Einfluß von vorgebranntem Material 16
   2.1.3 Einfluß von vorreduziertem Material 16
   2.1.3.1 Einfluß von in Staubform vorreduziertem Material 16
   2.1.3.2 Einfluß von in Pelletform vorreduziertem Material 17

2.2 Brennhärtungsversuche mit Erz- und Konzentratpellets 17
2.2.1 Vergleichende Versuche mit Pellets verschiedener Erze und Konzentrate 17
2.2.1.1 Festigkeitsverhalten bei verschiedenen Brenntemperaturen 17
2.2.1.2 Einfluß des Aufmahlgrades 18
2.2.1.3 Mischerzpellets 18
2.2.1.4 Monoerzpellets mit gebranntem Rückgut 19
2.2.2 Grundlagenversuche mit Konzentratpellets 20
2.2.2.1 Einfluß der Haltezeit der Brenntemperatur 20
2.2.2.2 Einfluß des Aufmahlgrades 20
2.2.2.3 Konzentratpellets mit gebranntem Rückgut 20
2.2.2.4 Konzentratpellets mit vorreduziertem Material 21
2.2.2.5 Schalenpellets mit steigendem Feinanteil von innen nach außen ... 22
2.2.2.6 Schalenpellets mit vorgebranntem Material 23
2.2.2.7 Schalenpellets mit vorreduziertem Material 24
2.2.3 Versuche mit chemisch reinem Fe_2O_3 24

D. Diskussion der Ergebnisse 25

1. Ungebrannte Pellets 25

2. Gebrannte Pellets 33

E. Zusammenfassung 40

F. Tabellen 42

G. Literaturverzeichnis 46

H. Anhang 51

A. Einleitung

Der wachsenden Bedeutung der Stückigmachung feinkörniger Eisenerze auf dem Wege über die Pelletierung entspricht nicht der gegenwärtige Stand der Kenntnis der verschiedenartigen Einflüsse auf das Pelletierungsergebnis.
Der vorliegenden Arbeit wurde die Aufgabe gestellt, einige wichtige Einflußgrößen, die insbesondere die Festigkeit der erzeugten Pellets betreffen, so weitgehend zu untersuchen, daß ihre Einflußnahme auf die technischen Pelletierprozesse sichergestellt wird. Diese Untersuchungen erstrecken sich sowohl auf die Herstellung von Grünpellets als auch auf gebrannte Pellets.
Da der Pelletbrennprozeß relativ aufwendig ist, besteht die allgemeine Tendenz, bereits die Grünpellets mit einer Festigkeit herzustellen, die den minimalen Ansprüchen beispielsweise eines Reduktionsprozesses genügt. Der Schwerpunkt dieser Untersuchungen auf dem Gebiet der Grünpellets sollte auf solche Maßnahmen verlegt werden, die keine Beeinträchtigung der chemischen Qualität der Pellets zur Folge haben. Solche ungünstigen Einflüsse werden beispielsweise durch die Verfestigung von Grünpellets mit eisenfreien Pelletierhilfsstoffen ausgeübt, die zu einer Verringerung des Eisengehaltes der Pellets führen.
Auf dem Gebiet der Herstellung fester gebrannter Pellets ist dieser Arbeit im besonderen die Aufgabe gestellt, wirtschaftliche Maßnahmen aufzufinden, die die Herstellung hochfester Pellets auch aus schwerpelletierbaren Erzen ermöglichen.

B. Grundlagen der Herstellung von Eisenerzpellets

1. Grünpellets

Eisenerzpellets werden entweder bei ausreichender Güte sofort in einem Reduktionsprozeß zu Eisenschwamm verarbeitet oder nach einem zusätzlichen Brennhärten dem Reduktionsprozeß zugeführt. Dagegen werden beim Agglomerieren [1–3] von Düngemitteln und Kohle durch ähnliche Arbeitsweisen Fertigprodukte erzeugt.
Als Zusammenballgerät [4–6] des Pelletierens werden Teller [7–9], Konus, Trommel [10–12] oder Trommel mit Einbauten verwandt [13]. Produkte, die eines dieser Geräte verlassen, bezeichnet man als Grünpellets (Pellet: angelsächsisch = Kügelchen). Cavanagh [14] nennt diese Produkte »nodules« und nur seine durch Vakuumpressen erzeugten Agglomerate Pellets. Das Agglomerier-Verfahren mit Hilfe der Vakuum-Strang-Presse findet jedoch keine praktische Anwendung [15].
Patente für die Pelletherstellung wurden bereits 1912 und 1913 (Anderson, Schweden und Brakelsberg, Deutschland) vergeben.

1.1 Bindungsmechanismus in Grünpellets durch Bewegungskräfte

Forschungsversuche, aus feinkörnigen Eisenerzen bei Zugabe von Wasser kugelige Formlinge herzustellen, unternahm 1944 C. V. Firth [16]. Er beobachtete, daß die

Druckfestigkeit von Grünpellets ebenso hoch war, wie sie nach Aufbringen eines Brikettierungspreßdruckes von 1400 kg/cm² erreicht wurde. Er folgerte daraus, daß diese Festigkeit auf dem Druck beruhe, der zwischen kleinen Erzteilchen entsteht, wenn das abrollende Grünpellet im Pelletierteller auf sie zu liegen kommt. Dadurch würde es in den Verband der Grünpelletkugeln eingepreßt, wofür man das Schneeballrollen als anschauliches Beispiel erwähnen kann.
Durch höhere Aufmahlgrade des Erzes wird der Druck des Grünpellets auf die damit kleineren Teilchen entsprechend größer.

1.2 Bindung durch Kapillarkräfte

Der Einpreßhypothese von Erzteilchen in den Verband der Grünpellets stellte TIGERSCHIÖLD [17] seine Kapillartheorie gegenüber. Er bezweifelte nicht die Wichtigkeit des Abrollvorganges und des damit verbundenen Druckes der Grünpelletes auf die Teilchen.
In einer wassergefüllten Kapillare mit offenen Enden bewirkt die Oberflächenspannung des Wassers einen negativen Druck auf die Wassersäule und einen positiven auf den Rand des Rohres. Überträgt man diese Erkenntnisse auf ein Eisenerzgrünpellet mit einem bestimmten Wassergehalt, so wirkt ein positiver Druck auf die Erzteilchen, die jeweils eine Pore begrenzen.
TIGERSCHIÖLD vereinfachte die Formel über die Höhe einer Wassersäule in einer Kapillare

$$\text{von } Z = \frac{2\,\alpha \cdot \cos i}{r \cdot \varrho \cdot g}$$

Z = Höhe der Wassersäule

α = Oberflächenspannung

i = Winkel zwischen Wand und Wasseroberfläche

r = mittlerer Porenradius

ϱ = Dichte der Flüssigkeit

g = Erdbeschleunigung

$$\text{zu } z = \frac{0{,}15}{r}$$

Er zeigte weiter, daß der Porenradius umgekehrt abhängig von der Teilchengröße ist und erklärte damit die Druckfestigkeitssteigerungen von Grünpellets durch höhere Aufmahlgrade [18]. Die Annahme von Kapillarkräften in einem Pellet ist möglich, da MORTON [19] fand, daß 17–36% der Poren kleiner als 14 μ sind. Zusätzlich wurde in Versuchen von NEWITT und CONWAY [20] die Gültigkeit dieser Theorie dadurch erhärtet, daß Silika-Sand-Grünpellets mit Alkohol-Wasser-Lösungen verschiedener Konzentration hergestellt wurden. Es konnte dabei durch Steigerung des Alkoholgehaltes von 0 bis 100% die Oberflächenspannung der Lösung bis zu 31% gesenkt werden; die Druckfestigkeitswerte fielen in ähnlicher Weise um 29%. Nach RUMPF [21] läßt sich eine Grundgleichung für die theoretische Abschätzung der Zugfestigkeit von Pellets ableiten:

$$\sigma_{ZB} = \frac{9}{8} \cdot \frac{(1-\varepsilon)}{\pi} \cdot k \cdot \frac{H_2}{d}$$

Es bedeuten:

σ_{ZB} = Zugfestigkeit eines Pellets mit Brückenbindung
ε = Porosität des Pellets
d = repräsentative mittlere Teilchengröße
k = Koordinationszahl
H = Haftkraft je Berührungsstelle

Aus experimentellen Beziehungen ergab sich folgende Gleichung:

$$\sigma_Z = 8 \cdot \frac{1 - \varepsilon}{\varepsilon} \cdot \frac{\alpha}{d}$$

darin sind:

α = Oberflächenspannung
ε = Anteil des Porenvolumens am Gesamtvolumen
d = Durchmesser der kugeligen Teilchen

Rumpf stellte die Zugfestigkeit des kapillaren Unterdrucks im Gesamtverband eines Pellets derjenigen Zugfestigkeit gegenüber, die durch Flüssigkeitsbrücken entsteht. Solche Flüssigkeitsbrücken bilden sich zunächst beim Benetzen feiner Erzteilchen und vermehren sich durch weitere Flüssigkeitszugabe. Newitt und Conway [20] beschrieben diese beiden Arten der Bindung unter den Begriffen »pendular state« und »capillary state«; siehe Abb. 1 (die Abbildungen stehen im Anhang ab Seite 51).
Die durch kapillaren Unterdruck erzeugte Festigkeit ist fast dreimal so groß wie die durch Flüssigkeitsbrücken [75] hervorgerufene

$$\sigma_{zb} = 0{,}35 \cdot \sigma_{zk}$$

σ_{zb} = Zugfestigkeit durch Flüssigkeitsbrücke
σ_{zk} = Zugfestigkeit durch kapillaren Unterdruck

Wird der Feuchtigkeitsgrad überschritten, der die Zugspannung durch Kapillarunterdruck erzeugt, fällt die Festigkeit der Pellets wieder ab. Dann sind die Erzteilchen in einem Wassertropfen eingebettet und nur die Oberflächenspannung [23] des Wassertropfens hält die Teilchen zusammen. V. Struwe [23] sieht in dieser Verbindungsart der Erzteilchen die Möglichkeit der Pelletierung von feuchtem Filterkuchen. Durch Bewegungskraft des Abrollvorganges im Pelletierteller wird auch Pelletierflüssigkeit der Pellets an deren Oberfläche gepreßt. Durch den entsprechenden Wasserfilm bilden sich schließlich, wie H. Klatt [24] berichtet, feuchte Klumpen im Teller, wodurch die Masse der Pellets in einen plastischen bis flüssigen Zustand übergeht [25]. Untersuchungen von Bhrany, Johnson, Myron und Pelscarscy [18] über den Wert der kritischen Feuchtigkeit ergaben, daß er neben dem Feinheitsgrad der Erze auch von deren Arten abhängig ist, da die Form der Erzteilchen einen großen Einfluß auf die Bildung der Kapillaren hat. Teilchen mit rauhen Oberflächen und guter Benetzbarkeit, wie Kiesabbrände [23], verhalten sich anders als glatte Plättchen eines Hämatit- oder eines körnigen Magnetitkonzentrates [26], wie dies in der Abb. 1 an Pellets zu erkennen ist, die aus verschieden vorbehandeltem SiO_2 hergestellt wurden [22]. Dieser Einfluß der Oberflächenbeschaffenheit wirkt neben Form und Größe der Teilchen auf die Punktdruckfestigkeit der Grünpellets. Neben anorganischen Salzen, die die Oberflächenspannung und damit die Kapillarwirkung verbessern sollen, werden der Pelletiermischung auch Additive zugegeben, die durch eine Hydratisierung feste Brücken zwischen den einzelnen Teilchen bilden. Zu diesen Stoffen zählen CaO [27] und Bentonit.

Ähnliche Wirkung können Dolomit, Calciumhydroxid [28–30] und Magnesiumchlorid, $FeSO_4$ [31] und Erzmischungen hervorrufen [32], doch sollen diese in stärkerem Maße eine Eigenschaftsverbesserung während des nachfolgenden Brennvorganges hervorrufen.

2. Gehärtete Pellets

In viele Reduktionsaggregate – vornehmlich Hochofen [33–37] – wie auch als Frischmittel bei der Stahlerzeugung können Grünpellets infolge ihrer geringen Druck- und Abriebfestigkeitswerte nicht eingesetzt werden; zudem ist ihre Transportfähigkeit gering. So müssen sie in einem weiteren Prozeß gehärtet werden. Untersuchungen, Grünpellets in Reduktionsaggregate wie Drehrohröfen direkt einzusetzen, werden durchgeführt, doch auch in diesen müssen bestimmte Festigkeitsvoraussetzungen erfüllt werden. Das kann durch Trocknen im Abgas oder an der Luft geschehen.

2.1 Getrocknete Pellets

Von zur Zeit untergeordneter Bedeutung ist das Trocknen von Pellets an der Luft [23]. Nur in Verbindung mit einer Vorwärmung in einem Abgasstrom werden Grünpellets vom Pelletierwasser befreit und gehärtet. Die Verfestigung bringt man beim Trocknen fast immer durch ein Bindemittel auf, das entweder zugegeben wird oder im Erz bereits enthalten ist. Dabei bilden sich Mörtelbrücken zwischen den einzelnen Körnern. Die Vorgänge sind mit denen beim Trocknen von Lehm oder beim Erhärten von Kalkmörtel in der Bauindustrie vergleichbar. In erster Linie handelt es sich dabei um ein Entwässern von Gelen. Durch die Trocknung werden nur geringe Festigkeitssteigerungen erreicht. Pellets müssen aber transportfähig sein und vor allem hohe Widerstandsfähigkeit im Verhüttungsaggregat besitzen [37], wozu der Trocknungsprozeß in bisheriger Durchführung oft allein keine ausreichende Festigkeit erbringt.

2.2 Gebrannte Pellets

Durch einen Brennprozeß kann die geforderte Härte aufgebracht werden [38]. Dazu erhitzt man Pellets in Schachtöfen [39–40], Wanderrosten [41–52] oder Drehrohröfen [42–43] auf eine bestimmte Härtungstemperatur, bei der auch unerwünschte Begleitelemente wie Schwefel die Agglomerate verlassen [53/54]. Goldstick [33] verweist zur Klärung des Härtemechanismus auf die Forschungsarbeiten über das Sintern von Eisenerzen [55–56], wogegen von Struve [23] grundsätzlich zwischen den Vorgängen beim Brennen von Pellets und denen beim Sintern von Eisenerzen unterscheidet, obwohl in beiden Fällen Temperaturen bis zu 1350°C angewendet werden und jeweils basische sowie saure Oxide (einschließlich der Eisenoxide) reagieren können [57]. Der Gehalt an Gangart liegt aber durch die zumeist vorausgegangene Aufbereitung sehr niedrig [58–62]. Durrer und Gmelin [63] weisen noch auf den äußerlichen Unterschied der Produkte der beiden erwähnten Agglomerierungsverfahren hin. Nur bei Pellets bleibt während des Brennens die ursprüngliche Pelletform erhalten.
Im Innern eines Pellets laufen unterschiedliche Strukturveränderungen ab, die von der Natur der Erze, von Zuschlagstoffen und von der Wärmezufuhr abhängen [63–65]. Angestrebt werden festverwachsene und doch für die nachfolgende Reduktion vorteilhaft poröse Pellets [66–70]. Als Bindungsmechanismen werden Kornwachstum und Kristallumwandlungen angeführt, sowie die Rekristallisation zwischen sauren und basischen Metalloxiden der Gangart und den Eisensilikaten, wobei niedrigschmelzende

Eutektika gebildet werden [71]. Bei der Untersuchung der auftretenden Bindungsarten als Ursache für die Pellethärtung unterscheidet man in den Angaben der Literatur [23, 63] zwischen der Pelletierung von hämatitischen oder magnetitischen Erzen.

2.2.1 Magnetiterzpellets

Ausführlich untersucht und beschrieben wurde der Härtungsvorgang von Pellets, die aus magnetitischen Erzen hergestellt werden [72–75]. Da die Reaktion

$$2\,Fe_3O_4 + \tfrac{1}{2}\,O_2 \quad \text{zu} \quad 3\,Fe_2O_3 - Q$$
$$Q = 55\ \text{kcal/Mol}\ [76]$$

exotherm verläuft, wandeln sich die Pellets bei genügendem Sauerstoffangebot und erhöhter Temperatur in Hämatit um. Die entstehende Wärme der oxidierenden Magnetitkörner legten Cooke und Stowasser [77] in einem entsprechenden Versuch fest.
Liegt beim Aufheizvorgang in einer Stickstoffatmosphäre die Oberflächentemperatur eines Pellets etwas höher als die Temperatur in seiner Mitte, so steigen dagegen beim Umschalten auf eine reine Sauerstoffatmosphäre beide Temperaturen zunächst über die Ofentemperatur hinaus an. Danach verläuft die Temperaturkurve der Pelletmitte oberhalb der Oberflächentemperatur dieser Pellets. Cooke und Ban [73] zeigten durch Schliffbilder von Pellets das erste für diese Erscheinung verantwortliche Auftreten von verbindendem Hämatit und sein Anwachsen. Verbunden mit diesem Vorgang steigt die Härte der Pellets an.
In der Veröffentlichung von Cooke und Stowasser [77] wurde die Festigkeitssteigerung von Magnetitpellets durch Erhöhen der Brenntemperatur gezeigt. Nach Ausbilden eines Maximums fällt nach ihren Angaben die Festigkeit wieder ab; siehe Abb. 2.
Die Bildung eines Optimalwertes der Festigkeit ist charakteristisch für Erzpellets. Nach v. Struve [23] beruht der Abfall der Kurve auf dem Einfluß einer glasartig erstarrenden, spröden Schlacke.
Tigerschiöld [72] erläuterte die auftretenden Bindungsarten schematisch durch die in Abb. 3 dargestellten Vorgänge.

Zu (I):
Die Bindung durch Hämatit zwischen teilweise oxidierten Magnetitkörnern: sie beginnt in oxidierender Atmosphäre bei 200–300° C. Die Oxydation verläuft zunächst in bestimmten kristallographisch bevorzugten Richtungen an der Oberfläche der Körner. Es bilden sich dabei kleine Hämatitkristalle auf der Oberfläche ursprünglich gleichförmiger Magnetitkristalle. Durch die große Beweglichkeit der Atome im Augenblick der Oxydation werden Hämatitkörner an Kontaktstellen gebildet und binden die Körner aneinander. Dieses bewirkt eine steigende Härte, sogar bei relativ niedrigen Temperaturen.

Zu (II):
Wenn Luft im Überschuß vorhanden ist und die Temperatur erhöht wird, werden eine weitere Oxydation und stärkere Bindung beobachtet. Diese Bindung beruht letztlich auf der Rekristallisation und dem Kornwachstum von Hämatit. Die Rekristallisation von Hämatit tritt erst bei 1100–1200° C auf, wogegen die Rekristallisation von Magnetit bereits bei 900° C beginnt.

Zu (III):
Bei ungenügender Luftzufuhr kann der Oxydationsvorgang so gedrosselt werden, daß bei 900° C noch Magnetit vorhanden ist. Auf der Oberfläche der einzelnen Körner beginnen dann die Rekristallisation und das Kornwachstum des Magnetits genauso wie

für Hämatit bei höheren Temperaturen. Dieses geschieht auch dann, wenn Kohle dem Konzentrat zugefügt wird.

Zu (IV):
Bei höherer Temperatur 1100–1200°C bildet sich im Pellet bei Anwesenheit von FeO und Silika in der Gangart eine Schlacke. Diese überzieht die Magnetitkörner und verhindert dadurch eine weitere Oxydation. Beim Abkühlen der Pellets wirkt die Schlacke wie Zement zwischen den Körnern. Diese Bindung ist nicht sehr fest, und es muß dabei bedacht werden, daß Fe_2O_3 mit Silika bei den Temperaturen der Pelletbrennöfen noch nicht reagiert.

Die Schlackenbindung, die nach DURRER [63] auch zwischen Fe_2O_3 und Gangart entstehen kann, erreicht nicht die Festigkeit, die zwischen zwei Magnetitkörnern besteht, die durch Kristallisationsvorgänge verbunden sind [65]. Die Schlacke kann aber als Transportmittel für Magnetit auftreten. Räumlich voneinander getrennte Magnetitpartikel können sich durch den Magnetittransport der Schlacke verbinden und anwachsen [78]. Füllt diese Schlacke nur das feste Hämatitgerüst aus, so können hohe Festigkeiten und gute Reduzierbarkeit erreicht werden.

2.2.2 Härten von Hämatiterzpellets

Da die exotherme Umwandlung von Fe_3O_4 in Fe_2O_3 fehlt, muß beim Brennen von Pellets aus hämatitischen Erzen die doppelte Wärmemenge [72] zugeführt werden. TIGERSCHIÖLD befürchtet daher eine Oberflächenüberhitzung und ein Zusammenkleben der Pellets. Nicht nur das Verschmelzen an der Oberfläche durch die weit höheren zuzuführenden Wärmemengen, sondern auch die geringe Möglichkeit der Körner, sich bei niedrigen Temperaturen zu verbinden, erschweren die Herstellung dieser Pellets.
POVISNEV [79] berichtet, daß reines Fe_2O_3 erst ab 1300°C rekristallisiert und dadurch eine Festigkeitssteigerung bewirkt. Unter oxydierender Atmosphäre und bei Temperaturen zwischen 1280 und 1350°C bleibt auch bei Sierra-Leone-Pellets noch immer die Ausgangsgröße der Erzteilchen im Pellet erhalten. Die von RIDGION, COHEN und LANG [80] veröffentlichten Aufnahmen dieser Pellets zeigen, daß die glatten Kristalloberflächen der großen Erzkörner nur geringe Angriffsflächen für eine Diffusionsrekristallisation bieten. So können die feinen Erzteilchen nur an den abgebrochenen Kanten der großen Teilchen anwachsen.
Durch die Schrumpfung während der Kristallisation werden die feinen Erzteilchen zu diesen aktiven Ecken bewegt, wobei sich Poren bilden, die durch die glatten Flächen der großen Erzkörner begrenzt sind. Dadurch erreichen diese Pellets eine überraschend hohe Porosität, die bei einem aus dichten, feinen Plättchen bestehenden Erz nicht erwartet wurden. Ein solches Pellet besteht aus einem Gitter ursprünglich großer Körner, die nur durch die feinsten Teilchen des Erzes zusammengehalten werden. Daher ist es zu verstehen, daß es erforderlich ist, hohe Temperaturen aufzubringen, um diesen Verband umzukristallisieren.
Untersuchungen über das Kornwachstum [77, 81] von reinem Fe_2O_3 zeigen, daß das Kornwachstum ab 1250°C sehr stark ansteigt.
Die Brückenbildung zwischen Hämatitkörnern [23, 82] und das Kornwachstum können durch den Aufmahlgrad des Erzes beeinflußt werden [64]. Eine feinere Aufmahlung bewirkt eine stärkere Brückenbildung zwischen den einzelnen Körnern und damit einen festen netzförmigen Kornverband mit zahlreichen Verästelungen [83]; siehe Abb. 4.
Die Abhängigkeit der Festigkeit vom Aufmahlgrad verläuft bei Pellets aus magnetischen Erzen und auch bei Pellets mit eingebetteter Kohle [84–85] ähnlich der bei Pellets aus hämatitischen Erzen [86]. Somit muß, um Pellets gleicher Qualität herzustellen, eine

gleichbleibende Erzgrundlage vorausgesetzt werden, bei der die Korngröße nur in engen Grenzen schwanken darf [87].
Die Bildung von Schlacken tritt bei Anwesenheit von Gangart auf, und zwar bildet sich bei 1150°C Brenntemperatur $CaO \cdot 2\,Fe_2O_3$. Wird die Temperatur gesteigert, so liegt Fe_2O_3 wieder frei vor, falls CaO eine Verbindung mit Silika eingehen kann [88] und so abgebunden wird. Durch Zugabe der zumeist im Erz fehlenden basischen Schlackenbildner [88–90] in die Pelletmischung können selbstgängige Pellets [86] hergestellt werden, deren Schlackenmenge so gehalten wird, daß ein gutes Fließverhalten der Schlacke gewährleistet ist. In diesen Pellets treten neben die Diffusionsmechanismen der Bindung noch die Schlackenbindung wie bei Pellets aus magnetitischen Erzen.
Da häufig feinstaufgemahlene Hämatitkonzentrate pelletiert werden, die wenig Gangart mitführen, kann auch auf viele Überlegungen der Pulvermetallurgie von Metallen zurückgegriffen werden. Goldstick [3] verweist in seiner Veröffentlichung auf diese Möglichkeit. Diese zeigen ähnliche Erscheinungen, so die Verfestigung bei erhöhter Sintertemperatur, die in den Pellets größere Punktdruckfestigkeiten hervorruft. Auch wird durch die Korngröße des Metallpulvers die Dichte und das Festigkeitsverhalten verändert. Diese grundsätzlichen Veränderungen von Agglomeraten aus Pulvern werden in der Behandlung der Pellethärtung nach den Versuchsergebnissen zur Deutung herangezogen.

C. Versuchsdurchführung

1. Versuchs- und Meßgerätebeschreibung

1.1 Herstellen der Grünpellets

1.1.1 Mahlen, Klassieren, Bestimmen des Körnungsbandes und der Größe der Oberfläche und Mischen der Erze, Konzentrate und Additive

Die Erze, Konzentrate, Additive und die als Rückgut verwandten Pellets sollen entweder gleichförmige oder – für andere Versuche – extrem verschiedene Körnungsbänder besitzen. Daher wurden sie in einer Hametagschlagmühle Typ AC 22 der Firma Löhrer & Söhne GmbH, in einer bis zur Hälfte mit Kugeln 30–50 mm ⌀ gefüllten Kugelmühle, Typ Robo der Firma Alpine, Augsburg, und in einer Laborschwingmühle Typ P 250 der Firma Siebtechnik in festgesetzten Zeiträumen zerkleinert. Das Körnungsband ergab sich aus den Fraktionen eines Labor-Siebturmes der Firma J. Engelsmann AG; Oberflächenbestimmungen wurden im Blaine-Gerät durchgeführt. Das Mischen der Pelletkomponenten erfolgte bei großen Mengen im Eirich-Mischer, bei wenig Material durch Verwirbeln mit einem Cora-Quirl. Die Verweilzeit wurde jeweils bei den Mischungen gleichgehalten, die miteinander verglichen werden sollten. Die Mischungen erhielten in den meisten Fällen eine Wasserzugabe, die eine Grundfeuchtigkeit von 3 bzw. 4% hervorrief.

1.1.2 Zusammenballen im Pelletierteller

Die aufgemahlenen Komponenten wurden in einem Doppel-Pelletierteller mit einem Neigungswinkel von 51° und bei 12 Umdrehungen pro min zusammengeballt. Der Doppelpelletierteller besteht aus einem großen Eisenblechteller mit einem kleinen

Kupferteller in der Mitte. Der Blechteller hat einen Durchmesser von 1495 mm und eine Randhöhe von 60 mm. Die Wasserzugabe erfolgte durch Aufdüsen und die Erzzugaben durch Aufstreuen mit der Hand. Im rechten Winkel zwischen Boden und Rand des Blechtellers lagerte sich beim Pelletieren Material ab. Diese Ausfüllung des Winkels beeinflußte den Abrollvorgang der Pellets positiv. Daher wurde zur Herstellung von Pellets aus chemisch reinem Fe_2O_3 und zum Zusammenballen kleiner Materialmengen zusätzlich ein getriebener Kupferteller mit 1100 mm ⌀ und 30 mm Randhöhe auf die Achse des Eisentellers aufgeschraubt. Die Übergangszone zwischen Rand und Boden dieses Kupfertellers erhielt eine Krümmungsnachahmung, die sich im großen Blechteller durch Ablagerung gebildet hatte; siehe Abb. 5.

Im Eisenteller konnten Pellets bis 12 mm Durchmesser durch kontinuierliches Austragen über den Rand gewonnen werden. Kleinere Pelletgrößen werden durch Absieben aussortiert.

Damit mit bestimmten kleinen Materialmengen die Herstellung von Pellets gelingen konnte, wurde zunächst ein kleiner Teil des Materials in den Teller gegeben und zusammengeballt, wobei sich kleine Pellets bildeten. Von diesen siebte man diejenigen ab, die einen Durchmesser von 2 bis 3 mm besaßen und gab sie in den Teller zurück. Diese Pelletkerne vergrößerten dann fast gleichmäßig bei Zugabe von Wasser und Material ihren Durchmesser, ohne daß erneut kleine Pellets entstanden.

Die Gewinnung von Schalenpellets, bei denen unterschiedliche Zusammensetzung in Kern und Schale vorliegen soll, erfolgte dadurch, daß man die wachsenden Pellets im Teller beim Erreichen einer bestimmten Größe herausnahm. Nach Absieben wurden nur die in den Teller zurückgegeben, die eine Mindest- oder Maximalgröße (z. B. zwischen 7,5 und 8 mm) nicht unter- oder überschritten. Auf diese Pellets wurde dann ein nach chemischen oder physikalischen Eigenschaften zur Ausgangsmischung unterschiedliches Material pelletiert, die Pellets danach wiederum aus dem Pelletierteller herausgenommen und nur die in den Teller zurückgegeben, die durch das neu zugesetzte Material bis zu einer bestimmten Größe angewachsen waren (z. B. 9–9,5 mm ⌀). Durch weitere Schichtenbildung gelang so die Herstellung mit 5–6 Schalen verschiedenen Materials.

1.1.3 Bestimmen des Feuchtigkeitsgehaltes

Durch einfaches Beziehen der eingedüsten Wassermenge auf das zugegebene Erzgewicht, das beim Zusammenballen im Pelletierteller vorlag, war es nicht möglich, den Wassergehalt der Pellets zu bestimmen, da die freie Fläche des Tellers zu groß war und sein Drehen eine starke Verdunstung des Wassers hervorrief. Daher wurden den Grünpellets jeweils 5 Proben entnommen und an ihnen mit einem Ultramat, System Gronert, der Feuchtigkeitsgrad bestimmt.

1.1.4 Bestimmen der Grünfestigkeit

Die Punktdruckfestigkeit von normalen Grünpellets liegt bei Pellets mit 10–12 mm ⌀ zwischen 0,2–4 kg pro Pellet. Die hydraulischen Pressen im Institut für Eisenhüttenwesen sind in diesem Meßbereich zu ungenau, da sie eine Maximallast von zwei Tonnen aufbringen können und nicht für die bei den vorliegenden Untersuchungen notwendigen kleinen Lasten ausgelegt sind. Daher wurden sie nur bei extrem festen Pellets herangezogen. Für die normalen Pellets wurde ein Labor-Prüfgerät aus einer Waage entwickelt. Dabei wurde das zu prüfende Pellet auf den Teller der einen Waagenseite gelegt und durch Eingießen von Wasser in ein Becherglas auf dem Teller der anderen Waagenseite so weit angehoben, daß das Pellet einen feststehenden Arm leicht berührt. Der Zeiger der Waage blieb dann stehen. Den notwendigen Preßdruck auf das Pellet brachte

Wasser auf, das mit der Geschwindigkeit von 1,5 l pro min in einen Meßzylinder (4) einlief. Beim Zerbrechen des Pellets ergab die Wassermenge in diesem Zylinder die Punktdruckfestigkeit bei Bruchlast.
Für Festigkeitsuntersuchungen konnte ebenso eine Meßanlage der Firma Instron, Typ TT-CM-L benutzt werden; sie ergab gute Übereinstimmungen mit dem Labor-Schnellgerät.
Die Fallfestigkeit von Pellets wurde durch Stürze auf eine Stahlplatte ermittelt. Der prozentuale Anteil der Pellets, die den Sturz ohne sichtbare Risse und Abplattungen überstanden hatten, wurde in Abhängigkeit der Fallhöhen festgehalten.

1.2 Brennen der Pellets

1.2.1 Brennaggregat

Die Härtung der Grünpellets erfolgte in einem Brennofen, der aus einem fahrbaren Brenntischwagen, durch den die Brenngase abgeleitet wurden, und aus einer gewölbten Brennhaube besteht, die zwei Stadtgasbrenner aufheizten. Die Temperatur konnte durch ein Teilstrahlpyrometer der Firma G. Siebert, Hanau, und durch Pt—PtRh-Thermoelemente im Wagen und in der Haube überwacht werden. Die Temperatursteigerung erfolgte nur langsam durch Handregelung der Gas- bzw. Luftmengen beim Aufheizen, wobei entsprechend der zu erreichenden Temperatur Aufheizzeiten von 3 bis 6 Stunden gewählt wurden. Die Haltezeit bei Versuchsendtemperatur betrug 30 min. Danach verblieben die Pellets nach Abschalten der Gasbrenner zur Abkühlung im Ofen.
Die maximal erreichbaren Temperaturen, die ohne Zerstörung des Gewölbes aufgebracht werden konnten, lagen bei 1250–1300° C in der Pelletschicht.
Falls nur einzelne Pellets verschiedener Sorten mit derselben Temperatur und Gaszusammensetzung gebrannt werden sollten, so wurden in den Brenntischwagen Thermaxbleche eingelegt, auf denen die Porzellanschiffchen mit den Pellets standen; siehe Abb. 6–8.

1.2.2 Bestimmung der Druckfestigkeit

Die Druckfestigkeit der gebrannten Pellets wurde in einer hydraulischen Presse des Losenhausenwerkes der Düsseldorfer Maschinenbau AG bestimmt. Die Lastbereiche konnte man durch Umschalten von 0 bis 200 kg oder von 0 bis 2 t wählen. Zwischen zwei Stahlplatten wurden mit einer bestimmten konstanten Belastungsgeschwindigkeit die Pellets punktförmig bis zum Zerbrechen belastet. Die beim Bruch aufgebrachte Last ergab die zugehörige Druckfestigkeit.

1.2.3 Bestimmung der Abriebfestigkeit

Ähnlich dem Abriebtest für Koks und Sinter, die in einer ASTM-Form festgelegt sind, läßt sich auch der Abrieb der Pellets bestimmen. In einer Trommel von 460 mm Länge und 920 mm ⌀ mit zwei innen liegenden Schlagleisten von 60 mm Höhe werden 11,2 kg Einwaage an Pellets bei 28 Umdrehungen pro min 7 min lang getrommelt. Anschließend bestimmt man den Abrieb:

a) kleiner als 5 mm und größer als 0,063 mm;
b) kleiner als 0,063 mm.

Da der Brenntischwagen im beschriebenen Institutsofen nicht bei einem Brennvorgang 11,2 kg Pellets fassen konnte, wurden für die Abriebuntersuchungen nur 3 kg Pellets eine Minute lang getrommelt. Die erhaltenen Werte sind denen mit 11,2 kg und 7×28 Umdrehungen zwar nicht gleich, jedoch sind die relativen Abstände zwischen zwei verschiedenen Pelletsorten ähnlich und damit vergleichbar.

1.3 Reduzieren von Feinerzen und Pellets

1.3.1 Herstellung von vorreduziertem Material aus Erz

Zur Untersuchung des Einflusses von vorreduziertem Rückgut auf die Bindungsart und Qualität der Pellets wurde Erz in einem senkrecht stehenden Tammannofen, in den ein Reduktionsfluidatbett eingesetzt war, in feinkörnigem Zustand auf unterschiedliche Reduktionsgrade gebracht; siehe Abb. 9.
Die Versuche wurden mit H_2 als Reduktionsmittel durchgeführt, da bereits bei niedrigen Temperaturen eine ausreichende Reduktionsgeschwindigkeit vorliegt, ohne daß die anreduzierten Erze zusammenbacken.
Die Gasgeschwindigkeit wurde experimentell bestimmt, d. h. die Gaszufuhr wurde so lange gesteigert, bis die Schüttschicht das Aussehen einer kochenden Flüssigkeit erreicht hatte.
Um optimal hohe Temperaturen zu erhalten, wurde die Temperatur von 500°C an in kleinen Stufen gesteigert, bis das anreduzierte Erz zusammenbackte. Diese Erscheinung kann durch das Erlöschen der Abfackelflamme festgestellt werden.

Aus diesen Vorversuchen ergaben sich für die untersuchten Erze folgende Daten:

Reduktionsmittel:	H_2
Gasgeschwindigkeit:	200 l/h
Gasdruck:	1,5 atü
Reduktionstemperatur:	650°C
Erzmenge:	1500 g

Nach Einfüllen der Erzmenge wurde zum Aufheizen mit Stickstoff fluidiert und danach das Reduktionsgas eingeschaltet. Unterschiedliche gut reproduzierbare Reduktionsgrade konnten durch Variierung der Reduktionszeit erhalten werden.
Die Abkühlung erfolgte wiederum durch N_2-Fluidierung.

1.3.2 Herstellung von vorreduziertem Material aus Pellets

Dieses Material wurde in einem senkrecht stehenden Tammannofen ohne Einbauten hergestellt; siehe Abb. 10.
Bis 2 kg gehärtete Pellets konnten in den mittleren Teil eines Porzellan-Rohres gefüllt werden, dessen unterer Teil ähnlich einem Anströmboden mit Porzellanringen angefüllt war.
Durch den Boden dieses Porzellanrohres strömte in der Aufheiz- und Abkühlperiode des Tammannofens Stickstoff. Während der Reduktionsperiode wurde CO bzw. H_2 oder CH_4 mit 30 l/min eingeleitet. Die Temperatur im Ofen blieb während der Reduktion (überwacht durch ein Pt—PtRh-Thermoelement) konstant, und veränderte Haltezeiten erbrachten die unterschiedlichen Reduktionsgrade. Die so behandelten Pellets wurden dann anschließend aufgemahlen und durch drei Proben der mittlere Reduktionsgrad bestimmt.
Die Reduktionsgradbestimmung erfolgte bei allen Untersuchungen chemisch; die Komponenten Fe_{met}, Fe^{++} und Fe-Oxid wurden durch Titration mit Titantrichlorid über den Abbau an Sauerstoff bestimmt und danach der Reduktionsgrad. Neben dieser Methode stand zur Überwachung und Schnellanalyse eine magnetische Waage der Firma Krupp zur Verfügung. Die Genauigkeit dieser Meßmethode hängt von der Zahl der

Komponenten ab, die untersucht werden. Genau mißt diese Waage, wenn eine ferromagnetische Phase in einer nicht-ferromagnetischen Substanz vorliegt. Dieser Fall tritt bei der Pelletreduktion bei ganz geringen Reduktionsgraden im Fe_2O_3—Fe_3O_4-Bereich ein und bei hohen Reduktionsgraden im FeO—Fe_{met}-Bereich.

Das Kernstück der Magnetwaage ist ein Waagebalken aus Aluminium, wovon ein Ende mit einem Probetöpfchen aus Messing (Einwaage 500 mg, Körnung 100% kleiner 50 μ) in das Feld eines starken Elektromagneten ragt. Bis zur magnetischen Sättigung der ferromagnetischen Phasen erzeugt ein Magnetisierungsstrom ein Feld; bedingt durch den ferromagnetischen Anteil des Probenmaterials wirkt nun eine Kraft auf den Waagebalken.

Am anderen Ende des Waagebalkens tariert ein Dauermagnet durch Einschalten einer Kompensationsspule um den Magneten diese Kraft aus. Der Wert des benötigten Kompensationsstromes bestimmt den gesuchten Gehalt an magnetischen Phasen.

2. Versuchsergebnisse und Kurzerläuterungen

2.1 Untersuchungen an ungebrannten Pellets

2.1.1 Verhalten von ungebrannten Pellets mit verschiedenen Wassergehalten

Maßgebend für den Wert eines Grünpellets bei der Weiterverarbeitung sind seine Festigkeitseigenschaften: diese werden vornehmlich durch die Erz- bzw. Konzentratart, die die chemische Zusammensetzung wie auch die Oberflächenform bedingt, den Feinheitsgrad dieses Materials, die Art und Menge der Pelletierflüssigkeit und den Pelletiervorgang selbst bestimmt. Für gegebene Verhältnisse lassen sich nur wenige dieser Faktoren verändern.

So wurde in den folgenden Untersuchungen zunächst der Feuchtigkeitsgehalt variiert. Pelletiert wurde Sydvaranger (Kornverteilung siehe Abb. 67 im Anhang, chem. Analyse Tab. 1), ein magnetisches Erz, das sich mit diesem Aufmahlgrad bei 6% H_2O-Gehalt gut pelletieren ließ; die Pelletierflüssigkeit war wie in allen weiteren Versuchen Leitungswasser, die dem Konzentrat nur durch Besprühen im Teller zugegeben wurde.

Die so entstandenen Pellets mit 11,5 mm Durchmesser besaßen eine Punktdruckfestigkeit von 460 g; dieser Wert wurde wie auch die folgenden aus jeweils zehn Werten zusammengezogen. Der Wassergehalt wurde auf 6% eingestellt, da höhere Gehalte über 7% zum Verkleben einzelner Pellets führten; Pellets mit geringeren Wassergehalten besaßen eine ungleichmäßige Oberfläche. In einem abgeschlossenen kleinen Gefäß wurden die Pellets eine Stunde lang bei Raumtemperatur danach zum Ausgleichen aufbewahrt. Der Einfluß des Wassergehaltes wurde somit nicht an Pellets untersucht, die mit verschiedenen Wassergehalten pelletiert wurden, sondern durch Austrocknen dieser Pellets des max. Wassergehaltes. Um von den Schwankungen der Raumtemperatur unabhängig zu sein, wurden die ersten Trocknungsversuche bei 40°C durchgeführt. Die Werte liegen etwas niedriger als die Raumtemperaturwerte. Die Festigkeit steigt zunächst bis 700 g/Pellet an und fällt bei weiterem Trocknen über den Optimalwert von 3% Wassergehalt wieder ab.

Die Trockenpellets konnten durch Aufsprühen von Wasser in ihrem Festigkeitsverhalten wieder verbessert werden, doch wurde nicht die Kurve der Austrocknung erreicht, siehe Abb. 11.

Ähnliche Abhängigkeiten vom Wassergehalt zeigen auch Grünpellets aus Grängesbergerz (Siebanalyse Tab. 2, chem. Analyse Tab. 3), Abb. 12.

Neben dem Einfluß des Wassergehaltes auf die Punktdruckfestigkeit wurde auch die Fallfestigkeit von Sydvarangerpellets untersucht, es zeigt sich in Abb. 13 ein deutlicher Abfall an Festigkeit vom fast plastischen Pellet zum vorgetrockneten.

2.1.2 Einfluß von vorgebranntem Material

Vorgebranntes Material liegt bei der Pelletherstellung als anfallendes Rückgut vor; dies sind nicht fest genug gebrannte Pellets, die einen Transport nicht überstehen und im Reduktionsgerät Störungen hervorrufen. Dieses Material hat, wenn es aus magnetischem Ausgangskonzentrat herrührt, nach dem Brennprozeß einen höheren Oxydationsgrad.

In diesen Versuchen wurden Pellets auf die Brenntemperatur optimaler Festigkeit gebracht und danach zerbrochen und gemahlen und dem Ausgangskörnungsband durch Siebanalysen und durch Absolut-Bestimmung im Blaine-Gerät angepaßt.

Die Ergebnisse bei Sydvaranger-Konzentrat mit Zusatz zeigen eine merkliche Verringerung der Festigkeitswerte und eine Verschiebung zu höheren Wassergehalten. In Abb. 14 zeigt sich auch der Einfluß des höheren Oxydationsgrades.

In gleicher Weise wurde auch einem hämatitischen Ausgangsmaterial, Venezuela-Erz (chem. Analyse siehe Tab. 4) mit 100% Anteil $<63\,\mu$ aus Venezuela-Erz-Pellets vorgebranntes gemahlenes und angepaßtes Material doch mit gleichem Oxydationsgrad zugegeben; hier zeigt sich in Abb. 15, daß dieses Material ebenso eine Verringerung der Festigkeitswerte erbringt, die auf der glatten Oberfläche der gebrannten Teilchen beruht.

2.1.3 Einfluß von vorreduziertem Material

2.1.3.1 Einfluß von in Staubform vorreduziertem Material

In diesen Untersuchungen wurden Pellets hergestellt, zu deren Ausgangskonzentrat oder Erz vorreduziertes Material, hergestellt aus dem gleichen Konzentrat bzw. Erz, zugegeben wurde.

Beim Reduzieren des Zugabe-Materials veränderte sich die Korngröße, und so stieg der Anteil $<45\,\mu$ von 8,1% des Sydvarangerkonzentrates, das mit einem zum Pelletieren sehr geringen doch zum Fluidieren günstigen Körnungsband eingesetzt wurde, auf 40% bei 66% Reduktionsgrad (siehe Tab. 5).

Vergleichsversuche, in denen Sydvarangerkonzentrat mit Stickstoff fluidiert wurde bei gleich hohen Temperaturen und 4 Stunden Behandlungszeit, riefen kaum eine Veränderung des Körnungsbandes hervor (ebenfalls Tab. 5).

Der Einfluß des durch die Reduktion zerkleinerten Materials zeigte sich beim Pelletieren zunächst durch die Möglichkeit, mehr Wasser in die Pellets einzugeben, ohne daß eine Verklumpung eintrat.

Überraschend war jedoch der gewaltige Festigkeitsanstieg, der sich beim Auslagern und Erreichen geringer Wassergehalte zeigte. In Abb. 16 ist der Verlauf dieser Auslagerung festgehalten.

Da hier nicht mehr der Einfluß des Wassergehaltes überragend sein kann, wurde in Abb. 17 als Ordinate die Auslagerungszeit gewählt. Hier zeigt sich, daß durch diese Methode eine Differenzierung der Punkte im Bereich zwischen 0 und 2% Wassergehalt eintritt. So werden Pellets durch Zugabe von 20% Material mit 42% Zusatz nach 40 Stunden eine Festigkeit von ca. 7 kg/Pellet erreichen, 60% Zusatz bewirken annähernd 21 kg/Pellet, siehe Abb. 17.

In Abb. 18 und 19 wird festgehalten, daß nicht nur der steigende Anteil an vorreduziertem Material, sondern wie zu erwarten auch der Reduktionsgrad von Einfluß auf die Festigkeit ist; aufgetragen wurden hier nur die Maximalfestigkeitswerte, die sich bei Raumtemperatur nach etwa 2 Tagen Auslagerungszeit einstellen.

Im gleichen Fluidatbett-Reduktionsgerät wurde hiernach auch Grängesbergerz reduziert. (Körnungsband von Erz und reduziertem Material siehe Tab. 6.)

Auch hier zeigte sich die Verfestigung durch die Auslagerung, siehe Abb. 20.
In Abb. 21 wird der festigkeitssteigernde Einfluß der Zusatzmenge und des Reduktionsgrades in den maximal zu erreichenden Werten festgehalten. Schon durch 20% Zugabe mit 30% Reduktionsgrad läßt sich die Festigkeit mehr als verfünffachen.
Als Gegenüberstellung zum Sydvarangerkonzentrat wurde auch der Parameter Zusatzgut zur Ordinate Reduktionsgrad gewählt, siehe Abb. 22.
In den Versuchen mit Venezuela-Erz zeigte sich, daß zur Festigkeitssteigerung ein Mindestreduktionsgrad aufgebracht werden muß. So erbrachten Reduktionsgrade von 45% bei Zugaben von 20 bis 50% eine Festigkeitssteigerung, doch verlief die Kurve der Pelletfestigkeit mit Zugaben von 20% Zusatz und 18% Reduktionsgrad nur gering höher als die Kurve zusatzfreier Pellets, siehe Abb. 23.

2.1.3.2 Einfluß von in Pelletform vorreduziertem Material

Da bei Reduktionsprozessen zur Eisenschwammerzeugung oft ein Teil der Pellets nicht genügend hoch reduziert wird und zum Teil zermörsert als Bruch anfällt, wurde der Einfluß dieses Materials als Rückgutzusatz untersucht. Es bietet sich hier eine Möglichkeit an, nicht durch besondere Vorschaltung eines Fluidatbettreduktionsgerätes vorreduziertes Material zu erhalten.
Vorreduzierte Pellets aus Sydvarangerkonzentrat wurden bis zum Körnungsband des Ausgangserzes wieder aufgemahlen und zugegeben.
Gleichartig zu den Untersuchungen mit vorreduziertem Zusatzmaterial aus dem Fluidatbett wurde dieses vorreduzierte Material zugegeben und wiederum die Grünfestigkeit als Funktion des Wassergehaltes, Abb. 24, und der Auslagerungszeit, Abb. 25, aufgetragen. Es zeigte sich, daß die Pelletfestigkeit selbst bei Auslagerungszeiten über 40 Tage nicht weiter ansteigt.
Abb. 26 zeigt, daß auch hier der Einfluß des Reduktionsgrades und der Zusatzmenge, Abb. 27, auf die Pelletfestigkeit festzustellen ist; aufgetragen wurden wiederum die Werte, die sich nach 40 Stunden Auslagerung einstellen, da diese den Maximalwerten sehr nahe kommen.
In Abb. 28 wird der Einfluß von vorreduziertem Material aus dem Fluidatbett dem des Materials, das aus vorreduzierten Pellets gewonnen wurde, gegenübergestellt. Die Pellets mit Fluidatbett-Material erreichen weit höhere Werte bei hohen Zugaben an vorreduziertem Material.

2.2 Brennhärtungsversuche mit Erz- und Konzentratpellets

Großtechnisch werden Grünpellets durch Brennhärten in ihrer Festigkeit gesteigert; so werden Marcona-, Sydvaranger- und Iron-Prince-Eisenerze an verschiedenen Standorten industriell zu Pellets verarbeitet. Die Druck- und Abriebfestigkeitswerte solcher auf Brennbändern gehärteten Pellets liegen zwischen 200–500 kg/Pellet bzw. 3,0–8,0 Tumblingtest (Tab. 7).

2.2.1 Vergleichende Versuche mit Pellets verschiedener Erze und Konzentrate

2.2.1.1 Festigkeitsverhalten der Pellets bei verschiedenen Brenntemperaturen

Um das Verhalten der Pellets bei verschiedenen Brenntemperaturen zu untersuchen, wurden die oben aufgeführten pelletierfeinen Erze zusammen mit »Sierra-Leone-original« im Rahmen dieser Arbeit zusammengeballt und gehärtet. Außer Sierra-Leone-Erz, dessen Aufmahlgrad bis über 62% $<0{,}04$ mm in der Kugelmühle gesteigert werden mußte, konnten die Erze im Anlieferungszustand geformt und gebrannt werden, da sie für die Pelletierung aufbereitet worden waren (Tab. 8) (Tab. 9). Dem Marcona- und

Iron-Prince-Pelletiererz war Bentonit als Bindemittel zugefügt worden, die übrigen Erze wurden ohne Zusätze pelletiert. Es bestanden Unterschiede im Oxydationsgrad; so enthielt Marcona-Erz 13,8%, Sydvaranger-Erz 20–21%, während Iron-Prince- und Sierra-Leone-Erz kein Fe^{++} enthielten. Die vier Erze erhielten im Eirichmischer eine Grundfeuchtigkeit von 4% und wurden danach unter weiterem Wasserbesprühen im Eisenblechteller zu Grünpellets mit 8 mm ⌀ zusammengeballt und über den Rand hinaus ausgetragen. Das Härten dieser Pellets erfolgte im Brennaggregat bei 1000, 1050, 1100, 1150, 1200, 1250 und 1300° C bei einer Brenndauer von einer halben Stunde und anschließender Ofenabkühlung.

Maximale Festigkeitswerte erzielten bei punktförmiger Belastung in der hydraulischen Presse Iron-Prince-Pellets; sie ertrugen über 300 kg/Pellet als Mittelwert aus mindestens fünf Pellets. Sierra-Leone-Pellets zerbrechen schon unterhalb einer Last von 250 kg, und Marcona-Pellets erreichen knapp diese Festigkeit. Pellets dieser drei Erzsorten erhalten ihre optimale Festigkeit bei einer Brenntemperatur von 1200° C.

Im Gegensatz zu ihnen müssen Sydvaranger-Pellets auf 1250° C erhitzt werden, damit sie maximale Werte erlangen. Bei 1200° C liegen die Punktdruckfestigkeitswerte bei 183 kg/Pellet und steigen bei Temperaturerhöhung auf 1250° C noch weiter bis auf 190 kg an.

Die Punktdruckfestigkeitswerte als Funktion der Brenntemperatur aller Pellets steigen bis zu einem Maximum an und fallen danach wieder ab; siehe Abb. 29.

2.2.1.2 *Einfluß des Aufmahlgrades*

Die in Kapitel 2.1.1 untersuchten Erze sind im pelletierfeinen Zustand und damit mit einem hohen Aufmahlgrad 62% $<40\,\mu$ verarbeitet worden. Um die Punktfestigkeit der Pellets dieser Erzsorten zu erhöhen, erscheint es technisch und auch wirtschaftlich schwer möglich, die Erze weiter aufzumahlen. Der Einfluß des Aufmahlgrades zeigt sich in Abb. 30. Die untersuchten Pellets entstanden aus den gleichen Erzen wie in Kapitel 2.1.1, doch ihr Aufmahlgrad lag nur bei 40% $<40\,\mu$. Der geringere Aufmahlgrad wurde nicht durch Absieben des Feinkorns der pelletierfeinen Erze erhalten, sondern grobstückige und körnige Erze wurden in der Hametag- und anschließend in der Kugelmühle aufgemahlen. Zu Grünpellets zusammengeballt, gebrannt und zerbrochen wurden sie ähnlich den Pellets aus pelletierfeinem Material untersucht; siehe Abb. 30.

Auffallend sind die Festigkeitsverluste der Iron-Prince-Pellets; bei der optimalen Brenntemperatur von 1200° C verlieren sie 250 kg/Pellet; dagegen liegen die Werte der Sierra-Leone-Pellets nur 40 kg tiefer. Zu berücksichtigen ist aber, daß den Pellets aus pelletierfeinem Material Binde- und Härtemittel zugesetzt worden waren.

2.2.1.3 *Mischerzpellets*

Auf der Basis der in Kapitel 2.2.1.2 beschriebenen Erze wurden Mischerzpellets hergestellt. Das Druckfestigkeitsverhalten dieser Pellets in Abhängigkeit von der Brenntemperatur zeigen die Abb. 31–34. Als Grundkurve dient jeweils der Kurvenverlauf der Monoerzpellets, die aus den reinen Erzen hergestellt wurden.

Aus Abb. 31 ist zu ersehen, daß Iron-Prince-Pellets als Monoerzpellets nur eine Festigkeit von 45 kg/Pellet bei 1200° C erreichen. Durch Zumischen fremder Erze, deren Festigkeitseigenschaften als Monoerzpellets höher liegen, können sie weiter gehärtet werden. So zerbrechen Pellets (Nr. 11), die zur Hälfte aus Iron-Prince- und je zu einem Viertel aus Sydvaranger- und Sierra-Leone-Erz bestehen, erst beim Aufbringen von 160 kg. Während die Festigkeit der Iron-Prince-Pellets durch Zugabe der anderen drei Erze nur erhöht wird, können durch Zumischen von fremden Erzen die Eigenschaften

der Mischerzpellets gegenüber den Monoerzpellets auch verschlechtert werden. So liegt der Kurvenverlauf in Abb. 32 (Nr. 9) der Pellets, die 50% Sierra-Leone-Erz, 25% Iron-Prince- und 25% Sydvaranger-Erz enthalten, unterhalb des Kurvenzuges der Sierra-Leone-Monoerzpellets. In Abb. 32 ist weiter zu erkennen, daß es auch durch Zumischen von Erzen, deren Monoerze schlechte Pelletfestigkeiten besitzen, möglich ist, die Eigenschaften durch Mischerzpellets durchaus zu verbessern. Die Festigkeitskurve der Pellets (Nr. 5), in denen gegenüber den Pellets (Nr. 9) 25% Sydvaranger- durch 25% Marcona-Erz ersetzt wurden, übersteigt die Monoerzpelletkurve.
Der Austausch einer Komponente im Mischerzpellet bewirkt bei Sydvaranger-Pellets eine Steigerung um 50 kg/Pellet (Abb. 33). Hier wird gegenüber Sierra-Leone-Pellets der Anteil an Marcona benötigt, um feste Pellets zu erhalten, während er dort die Festigkeit verschlechterte.
Auffällig tritt der Einfluß der ausgetauschten Komponenten in Abb. 34 ein; 140 kg Härtesteigerung bewirkt der Ersatz eines Viertels Iron-Prince-Anteile durch Sydvaranger-Erz.

2.2.1.4 *Monoerzpellets mit gebranntem Rückgut*

Da die Möglichkeit, Mischerzpellets herzustellen, in vielen Fällen nicht gegeben ist – zwei Lagerstätten mit gut harmonierenden Erzen liegen oft weit auseinander – wurden Versuche unternommen, Monoerzpellets in ihren Eigenschaften zu verbessern.
Als Möglichkeit bietet sich die Rückgutzugabe an, die im Eisenerzsinterprozeß eine Leistungssteigerung und Verbesserung der Sinterfestigkeit bewirkt.
Bereits vorgebrannte, zerkleinerte Pellets werden demselben Erz als Rückgut zugegeben. Um den Einfluß verschiedener Aufmahlgrade zu vermeiden, erhielt das Rückgut in der Hametag-Schlagmühle und anschließend in der Kugelmühle annähernd das gleiche Körnungsband des Ausgangserzes. Als Pelletiererze dienten die beschriebenen pelletierfeinen Iron-Prince-, Sierra-Leone-, Sydvaranger- und Marconaerze.
Die Abb. 35–38 zeigen den Einfluß der Rückgutverwendung auf die Pelletfestigkeit. In charakteristischer Weise verschieben sich die Maxima der Pelletfestigkeiten zu niedrigeren Temperaturen. Iron-Prince-, Sierra-Leone- und Marcona-Pellets erreichen ohne Rückgutzugabe die besten Festigkeitswerte bei 1200° C, mit Rückgutzugabe liegen die Optimalwerte 50°C niedriger; Rückgut in Sydvaranger-Pellets verursacht 100° C Temperaturerniedrigung. Da durch Rückgut aber die Maxima der Kurven verschieden hoch liegen, müssen beim Brenntemperaturvergleich die Maxima der Festigkeit ohne Rückgut den Punkten gleicher Festigkeit auf den Kurven der Pellets mit Rückgut gegenübergestellt werden. Durch 60% Rückgutzugabe können damit Temperaturerniedrigungen von 150° C beim Brennen von Sierra-Leone- und Sydvaranger-Pellet erzielt werden; bei Iron-Prince- und Marcona-Pellets von 100° C.
Weit auffälliger als die Brenntemperaturerniedrigung ist die Festigkeitssteigerung durch Rückgutzugabe. Bei dem Rückgutsatz von 60% liegt die Pelletfestigkeit bei Iron-Prince- und Sydvaranger-Pellets ca. 100 kg höher; das bedeutet eine Steigerung von 30% bzw. 50% im Vergleich der Maxima. Beim Konfrontieren der Werte gleicher Temperatur, z. B. 1150° C, wächst die Festigkeit der beiden Erze durch Rückgutzugabe um 100°. Sierra-Leone- und Marcona-Pellets erzielen im Festigkeitsvergleich gei 1150° C fast gleich gute Ergebnisse.
Die maximal angewandten Rückgutzusätze liegen in der Höhe des Eisenerzsinters. Doch auch geringere Zusätze führen zu Temperaturerniedrigung und Fertigkeitssteigerung. Schon durch 20% Rückgut verschieben sich bei allen Pellets die Maxima zu tieferen Temperaturen. Sollen nicht hochfeste Pellets für Sonderverfahren hergestellt werden, können die Aufmahlgrade der Erze und des Rückgutes gesenkt werden.

2.2.2 Grundlagenversuche mit Konzentratpellets

2.2.2.1 Einfluß der Haltezeit der Brenntemperatur

Nach den Versuchen mit industriell verwandten pelletierfeinen Erzen wurde Labradorerz-Konzentrat (Tab. 10) als Versuchserz hinzugenommen. Dieses Konzentrat besitzt im Ausgangszustand ein Körnungsband, dessen Feinkornbereich (<0,04 mm) 20% ausmacht (Tab. 11).

Da einzelne große Körner im Konzentrat den Zusammenballprozeß unkontrollierbar beeinflussen, mußten im Vibrationssiebturm alle Teilchen größer als 0,2 mm abgesiebt werden.

Aus der zurückbleibenden Konzentratfraktion wurden Pellets mit 6% Wasser im Eisenblechteller zu Grünpellets zusammengeballt, über den Rand ausgetragen und die Pellets mit 8 mm ⌀ $\pm$ 0,1 mm aussortiert. Diese Pellets erhielten im Brennaggregat ihre Festigkeit mit gleicher Aufheizgeschwindigkeit, gleichen Brenntemperaturen und entsprechender Ofenabkühlung, doch mit verschieden langen Haltezeiten der maximalen Temperatur.

Aus Abb. 39 ist zu erkennen, daß sich beim Pellethärten auch ein Festigkeitsmaximum ausbildet, wenn die Brenntemperatur konstant gehalten und nur die Brennzeit genügend lange ausgedehnt wird. Dieses Maximum läßt sich schon durch kurze Brennzeiten erreichen, größeren Einfluß auf die Festigkeit besitzen die als Parameter eingezeichneten Brenntemperaturen.

2.2.2.2 Einfluß des Aufmahlgrades

Systematisch wurde hiernach der Einfluß des Feinanteils in Pellets aus Labradorkonzentrat bestimmt. Durch Aufmahlen in der Kugelmühle und Klassieren im Siebturm entstanden vier Fraktionen mit steigendem Feinanteil:

20% als Ausgangsfeinheit, 40%, 60% und 80% kleiner 0,04 mm Korngröße. Ohne Bindemittel, nur durch Wasserzugabe, erwuchsen im Pelletierteller gleich große Pellets mit 8 mm ⌀ ; sie wurden über den Rand ausgetragen und bis auf $\pm$ 0,1mm aussortiert. Da durch den steigenden Feinanteil die den Pellets zugegebenen Wassermengen verschieden hoch lagen wurden nur die Pellets gebrannt, deren Feuchtigkeit optimal grünfeste Pellets hervorbrachte. Im Brennaggregat zwischen 1000° C und 1300° C durch sieben verschiedene Temperaturen gehärtet und in der Zerreißmaschine zerbrochen, ergaben sich Druckfestigkeit-Brenntemperatur-Funktionen, die als Parameter den Gehalt des Feinanteils besaßen (Abb. 40).

Durch erhöhten Feinanteil können Labradorerzpellets bei jeder Brenntemperatur zwischen 1000° C und 1250° C weiter verfestigt werden. Erst bei 1300° C verwischt dieser Einfluß, und die Festigkeitswerte fallen insgesamt auf ca. 40 kg/Pellet ab. Alle Kurven besitzen bei 1200° C ihre Maxima. Durch Steigerung des Feinanteils wird damit eine Temperaturverschiebung nicht erreicht, doch tritt der Einfluß des Feingutes auf die Festigkeit der Pellets in diesem Bereich besonders stark hervor. Die Festigkeit wächst um 65 kg, wenn der Anteil <0,04 von 20% auf 80% erhöht wird; bei 1100° C Brenntemperatur verbessern sich die Werte nur um 50 kg/Pellet.

2.2.2.3 Konzentratpellets mit gebranntem Rückgut

Gleich dem Verfahren, wie in Kapitel 2.2.1.4 beschrieben, wurden auch Labradorerzpellets mit Rückgut versetzt. Das Rückgut entstand aus aufgemahlenen Pellets, die aus Labradorkonzentrat der Fraktion kleiner 0,2 mm mit 40% Feinanteil zusammenballt und im Brennaggregat bei 1200° C 30 min lang gebrannt worden waren. Zerkleinern im Backenbrecher, in der Hametag-Schlagmühle und in der Kugelmühle brachte den

Aufmahlgrad der gebrannten Pellets wieder auf die Ausgangsfeinheit der Labradorpelletierfraktion. Dieses Rückgut wurde dem Labradorkonzentrat kleiner 0,2 mm, 40% <0,04 im Eirichmischer unter Wasserzugabe in Gehalten von 20%, 40%, 60% und 80% zugemischt. Im Pelletierteller ließen sich alle vier Gemische gut zusammenballen und erbrachten Grünfestigkeiten, die zum Einsetzen im Brennofen ausreichten. Die Funktion Druckfestigkeit-Brenntemperatur zeigt Abb. 41.
Aus den Kurvenverläufen sind Maximaverschiebungen bei höheren Zumischgraden an Rückgut zu niedrigen Temperaturen zu erkennen. Erstaunlich sind die hohen Festigkeitswerte, die trotz des geringen Aufmahlgrades von Konzentrat und Rückgut erreicht wurden.
Hochofenfeste Pellets mit Rückgutmengen von 40%, wie sie in der Eisenerzsinterung verwandt werden, entstehen aus Pelletiermaterial mit 40% <0,04 mm Korngröße. Um diese Festigkeit von 150 kg/Pellet zu erzielen, ist es bei der Normalpelletierung ohne Rückgut erforderlich, das Erz bis 80% unter 0,04 aufzumahlen. Da neben der Festigkeit bei Druckbelastung auch die Höhe des Abriebes den Wert eines Pellets für den Hochofen und jedes andere Reduktionsaggregat bestimmt, wurden Labradorpellets dem beschriebenen Abriebtest unterworfen. Die Untersuchung der Pellets, die aus Labradorkonzentrat ohne Rückgut und unter Rückgutzugabe mit dem oben angeführten Aufmahlgrad zusammengeballt und bei 3 Temperaturen von 1100° C, 1200° und 1300° C gebrannt worden waren, zeigt charakteristische Kurvenverläufe der Funktion der prozentualen Abriebmengen gegenüber den Brenntemperaturen: Abb. 42 und 43.
In Abb. 42 wird die Abriebmenge <5 mm >0,063 mm und in Abb. 43 der gesamte Abrieb <5 mm festgehalten. In beiden Abbildungen ist das ausgeprägte Minimum der Abriebkurve ohne Rückgut auffallend. Nur bei genauem Einhalten der Brenntemperatur können gleichgute Pellets erzeugt werden, da sowohl zu niedrige als auch zu hohe Brenntemperaturen ein starkes Ansteigen der Mengen zerbrochener und abgeriebener Pellets bewirken. Durch Zumischen von 60% Rückgut zum Pelletiermaterial kann der Einfluß der Brenntemperaturschwankung geschmälert werden.
Vor allem wird jedoch durch Rückgut das Pellet abriebfester. Die Abriebmenge kleiner 5 mm fällt von 13% auf 2% durch 25,8% Rückgut, und durch 60% Rückgut verbleiben nach dem Abrolltest nur verschwindend kleine Mengen an zerstörten Pellets in der Trommel.
Im optimalen Brenntemperaturbereich treten bei diesen abriebfesten Pellets kaum zermahlene Teilchen auf, die kleiner als 0,063 mm sind. Dieser feine Staub, der leicht die Kanäle in einem Gasreduktionsofen verstopfen kann, zeigt sich aber deutlich bei zu niedriger Brenntemperatur, z. B. bei 1100° C mit 3%, d. h. ca. 25% des gesamten Abriebes der Pellets mit 25,8% Rückgut.
Durch Zugabe von vorgebranntem Rückgut auch abriebfeste Pellets herzustellen, bietet somit die Möglichkeit, Monoerze ohne Zumischen von Härtungsmittel zu pelletieren, die transport- und möllerungsfähig sind.

2.2.2.4 Konzentratpellets mit vorreduziertem Rückgut

Die auffallend guten Ergebnisse durch Zumischen von vorgebranntem Material führten zu Untersuchungen mit vorreduziertem Rückgut.
Zunächst erhielten Labrador-Grünpellets mit der Fraktion 100% <0,2 mm und 40% <0,04 mm Feinanteil durch Brennen bei 1200° C ihre optimale Härte. Die gebrannten Pellets wurden im Reduktionsaggregat, in bestimmten Zeiten mit CH_4 behandelt. Die Haltezeit von 30 min bei 1000° C erbrachte 35% Reduktionsgrad. Aufgemahlen und im Körnungsband dem Ausgangskonzentrat angepaßt, konnte das vorreduzierte Material als Rückgut beigemischt werden.

Die Punktdruckfestigkeit nach dem Brennen zeigt Abb. 44. Eine Temperaturerniedrigung von 100° C der optimalen Werte wird ergänzt durch überragend hohe Festigkeiten. Mit 450 kg/Pellet durch 80% vorreduziertes Rückgut werden Werte erreicht, die dreimal höher liegen als der Hochofen sie benötigt.
Diese Pellets bieten sich für Sonderprozesse an, die hochfeste Pellets fordern. Doch auch für Pellets, die in bekannten Reduktionsaggregaten gemöllert werden sollen, bringt der Zusatz von vorreduziertem Rückgut außerordentliche Vorteile. Durch 20% Rückgut mit 35% Reduktionsgrad und 40% Feinanteil in der Mischung steigt die Festigkeit 50 kg über die optimalen Werte, die durch 80% Aufmahlung $<$0,04 mm, erreicht werden, verbunden mit einer Temperaturerniedrigung von 100° C. Beim Vergleich der optimalen Festigkeit ohne Rückgut mit dem Wert der Kurve der Pellets mit 20% vorreduziertem Rückgut erkennt man, daß 200° C Brenntemperatur eingespart werden können, um die gleichen Festigkeitswerte zu erzielen.
Ergebnisse entsprechender Untersuchungen mit vorreduziertem Rückgut auf die Abriebfestigkeit zeigt Abb. 45. Das Rückgut in diesen Pellets erhielt seinen Reduktionsgrad von 15% durch 15 min Haltezeit bei 1000° C und H_2-Einleiten. Aus der Abbildung ist zu ersehen, daß schon dieser geringe Reduktionsgrad ausreicht, Pellets im Abriebverhalten sehr zu verbessern.
Durch Zugabe von vorreduziertem Rückgut können hochfeste und abriebstarke Pellets erzeugt werden. In vielen Reduktionsprozessen fällt vorreduziertes kleinkörniges Material an, das schwer weiter zu verhütten ist: bei der Eisenschwammerzeugung nicht genügend hochreduzierte und damit schwache Pellets und vorreduzierter Abrieb, bei der Wirbelbettreduktion feinkörnige Erze, die bis unterhalb des Stickingspunktes reduziert wurden. Diese Zumischungen bringen Festigkeitssteigerungen, ohne den Eisengehalt zu senken, wie sie durch Härtungsmittel hervorgerufen werden.

2.2.2.5 Schalenpellets mit steigendem Feinanteil von innen nach außen

Die Pelletierfähigkeit eines Erzes kann durch Aufmahlen oder Rückgutzugabe erhöht werden, ohne daß Härtungsmittel – direkt oder indirekt durch Mischen verschiedener Erze – zugegeben werden müssen. Beide Wege sind unter Umständen stark kostenverursachend. Durch Schalenpellets soll der Einfluß der härtesteigernden Maßnahmen auf den Teil der Pellets verlegt werden, der die Festigkeit der Pellets übernimmt.
Aus Labradorerz wurden Pellets hergestellt, die im Kern einen geringeren Anteil an Feingut aufwiesen als in der Schale. So entstand im Pelletierteller die Sorte A, deren Feinanteil $<$0,04 mm im Kern durch Absieben ganz entfernt worden war und außen eine 1 mm dicke Schicht aus Labradorerz 100% $<$0,04 mm besaß. Der Gesamtfeinanteil der Pellets betrug damit ca. 42% $<$0,04 mm. Die Sorte B enthielt im Kern 20% Feingut und in der Schale 100% $<$0,04 mm und somit in der Gesamtheit ca. 54% Material $<$0,04 mm.

Abb. 46 zeigt das Festigkeits-Brenntemperatur-Verhalten dieser Pellets im Vergleich mit Normalpellets. Da diese Schalenpellets zwischen 40%–60% Feingut enthalten, müssen ihre Kurven zwischen denen der Normalpellets mit 40% und 60% $<$0,04 mm liegen.
Die Pelletsorte A ohne Feingut im Kern erreicht jedoch nicht dieses Gebiet. Daraus ist zu ersehen, daß Pellets im Kern bestimmte Mindestfeingutmengen enthalten müssen, um bruchfest zu werden.
Das Pellet B erfüllt diese Bedingung. Durch den hohen Feinanteil in der Schale kann sein Festigkeits-Brenntemperatur-Verlauf aber weit über die Festigkeitskurven des 40% bis 60% Feinanteil-Gebietes hinausgehen. Diese Sorte erzielt Werte, die einem Pellet zustehen, das in seiner Gesamtheit aus Material $<$0,04 mm zusammengeballt wurde.

Durch Aufpelletieren von Schalen mit höheren Feingutmengen können Pellets hergestellt werden, die fester sind als ihr Gesamtanteil an Feingut erwarten läßt.

2.2.2.6 *Schalenpellets mit vorgebranntem Material*

Da Schalenpellets mit gesteigertem Feinanteil in der äußeren Schicht gleich gute Ergebnisse brachten, als ob sie in der Gesamtheit den Feingutgrad besäßen, erhielten in einem ähnlichen Verfahren Pellets den härtesteigernden Rückgutanteil in den äußeren Zonen.
Schalenpellets sollen den Rückgutsatz erniedrigen. Zwar ist damit zu rechnen, daß beim Brennen von Pellets ein natürlicher Anteil schadhafter Pellets anfällt, der beim Stürzen oder bei Druckbeanspruchung zu Bruch gehen und als Rückgut Verwendung finden kann. Verfahren sind bekannt [91], die gebrannten Pellets in einer Trommel von diesen schwachen zu befreien. Wenn es aber im Sinne der Rückgutpelletierung erforderlich ist, beispielsweise 40% Rückgut zuzusetzen, kann man dieses durch den natürlichen oder bewußt herbeigeführten Anfall an Bruchpellets nicht erzwingen. Rückgut belastet somit die Wirtschaftlichkeit des Pelletierverfahrens durch die erneuten Aufmahlungs- und Brennkosten, selbst wenn beide durch Rückgut erheblich gesenkt werden. Pellets, in denen mit wenig Rückgut Festigkeits- und Abriebverbesserungen herbeigeführt werden. decken die oben aufgeführten Kosten sofort.
Es war unmöglich, Pellets mit einer Schicht zu härten, wie es durch Feingutsteigerung geschah, da diese Schicht mit Rückgut schon bei niedriger Temperatur fest wird und sich vom noch pulvrigen Kern ablöst: erst durch Übergangsschichten zwischen dem Pelletkern ohne Rückgut und der hochprozentigen Außenzone konnten druckfeste Pellets erzeugt werden. Die erste Schicht, die auf den Kern pelletiert wird, soll wenig Rückgut enthalten und dünn sein, die weiteren können danach dicker und rückguthaltiger sein.
Der Einfluß der Brenntemperatur auf die Punktdruckfestigkeit eines Schalenpellets zeigt Abb. 47.
Hier wurde ein Pellet gehärtet, das einen Kern von 9 mm Durchmesser ohne Rückgut enthält. Auf diesem Kern sind vier Schichten pelletiert worden:

1. Schicht bis 9,5 mm ⌀ mit 15% Rückgut
2. Schicht bis 10 mm ⌀ mit 30% Rückgut
3. Schicht bis 11 mm ⌀ mit 45% Rückgut
4. Schicht bis 12 mm ⌀ mit 60% Rückgut

In der Gesamtheit besitzt dieses Pellet ca. 25,8% Rückgut, das bei einer Temperatur von 1200° C gebrannt und dem Körnungsband des Erzes 100% <0,2 mm und 40% <0,04 mm angepaßt wurde.
Ein Schalenpellet mit diesem Aufbau zerbricht nach Brennen bei 1150° C unter einer Last von 159 kg, ein Pellet mit 40% in der Gesamtheit (Abb. 41) erträgt 165 kg. Es werden daher mit Schichtfolge und 25,8% Rückgut Pellets erzeugt, die fast ein gleiches Druckfestigkeitsverhalten besitzen wie jene mit 40% in der Gesamtheit. Die Temperaturerniedrigung der optimalen Werte liegt auch bei Schalenpellets vor.
Noch auffälliger tritt der Vorteil der Schalenpellets bei der Abriebprüfung in Erscheinung. In Abb. 48 wird der Abrieb <5 mm und >0,063 mm festgehalten und in Abb. 49 der Gesamtabrieb <5 mm.
Der Abriebanteil liegt bei Pellets mit ca. 25,8% Rückgut und Schalenaufbau niedriger als bei Pellets mit gleichem Rückgutgehalt in der Gesamtheit. Die Schalenpellets erreichen Werte, die den Pellets mit 60% in der Gesamtheit nahekommen. Das Rückgut bewirkt eine Temperaturerniedrigung von 100° C.

Durch den Schalenaufbau können somit abriebfeste Pellets hergestellt werden, deren Rückgutzugabe aber niedriger liegt als bei Normal-Pellets, denen das Rückgut im gesamten Pelletiermaterial beigemischt wurde.

2.2.2.7 Schalenpellets mit vorreduziertem Material

Der günstige Einfluß auf die Punktdruckfestigkeit und das Abriebverhalten von vorreduziertem Rückgut in Pellets wird durch die zusätzlichen Kosten der Reduktion sehr beeinträchtigt. Da sich die Möglichkeit bietet, in Schalenpellets den Gehalt an festigkeitssteigernden Komponenten zu senken, wurden Pellets mit folgender Schichtfolge zusammengeballt:

Kern mit 7 mm Durchmesser ohne Rückgut

1. Schicht bis 8 mm ⌀, 12,5% vorreduziertes Rückgut
2. Schicht bis 9 mm ⌀, 25 % vorreduziertes Rückgut
3. Schicht bis 10 mm %, 37,5% vorreduziertes Rückgut
4. Schicht bis 12 mm ⌀, 50 % vorreduziertes Rückgut

in der Gesamtheit ca. 30 % Rückgut

Das Rückgut entstand aus Labradorerzpellets mit 20% Reduktionsgrad; H_2 strömt 20 min lang durch den Ofen. Erz und Rückgut in den Grünpellets besitzen das gleiche Körnungsband 100% <0,2 mm mit 40%< 0,04 mm Feingut.
Die Änderung der Punktdruckfestigkeit mit der Brenntemperatur dieser Pellets im Vergleich mit normalen, die beide fast gleich hohe Anteile an Rückgut enthalten, zeigt Abb. 50.
Rückgut mit 20% Reduktionsgrad bewirkt in Pellets eine Brenntemperaturerniedrigung der maximalen Festigkeit von 50° C. Wird das Rückgut in die gesamte Pelletiermischung gegeben, steigt die optimale Festigkeit der Pellets um fast 50 kg, durch Schalenaufbau kann man jedoch mit demselben Rückgutgehalt mehr als doppelt so hohe Werte erreichen.
In Abb. 51 wird die Abriebmenge <5 mm der beiden Pellets mit fast gleich großem Anteil an Rückgut festgehalten. Die guten Ergebnisse, die durch vorreduziertes Rückgut erzielt werden, wenn es vollständig aus einer Mischung von Erz und Rückgut in einem Pellet zusammengeballt wurde, kann der Schalenaufbau noch weiter verbessern. Zudem sind Schalenpellets gegen Brenntemperaturschwankungen nicht so anfällig wie normale Rückgutpellets.
Durch das Verfahren, schwach vorreduziertes Rückgut nur in der Außenzone des Pellets anzureichern und damit die zusätzlichen Kosten in Grenzen zu halten, können wirtschaftlich hochfeste und abriebstarke Pellets erzeugt werden.

2.2.3 Versuche mit chemisch reinem Fe_2O_3

Die vielfältigen Wirkungen der Gangartmineralien in den Erzen und Konzentraten auf die Kristallisations- und Schmelzvorgänge sind schwer zu erfassen. Versuche mit Pellets aus reinem Fe_2O_3 schalten diese Einflüsse aus. Chemisch reines Fe_2O_3 (Tab. 12) der Firma Riedel-de-Haen mit dem Anlieferungskornband 100% <0,1 mm mit 67% <0,04 mm mußte im kleinen Kupferteller zusammengeballt werden, um die Pellets nicht durch die Ablagerungen der Erze und Konzentrate im Blechteller zu verunreinigen.
Die abgesiebten Pellets mit 12 mm ⌀ erhielten ihre Festigkeit – wie in den vorangegangenen Versuchen – im Stadtgasbrennofen bei Temperaturen von 1050° C bis 1275° C. Diejenigen Pellets mit der maximalen Punktdruckfestigkeit durch Brennen bei 1200° C ergaben nach Zerkleinern in der Hametag-Schlagmühle und durch Aufmahlen in der Kugelmühle ein Rückgut mit dem gleichen Körnungsband des Ausgangshämatits.

Das Rückgut wurde im Verhältnis 1:1 dem chemisch reinen Fe_2O_3 zugemischt, wiederum zusammengeballt, gebrannt und die Punktdruckfestigkeit der Pellets gemessen.
Abb. 52 zeigt den Einfluß des Rückgutes auf die Punktdruckfestigkeit. Ohne Rückgut werden bei 1200°C Pellets erzeugt, die maximal 88 kg ertragen. Durch 50% Rückgut können die Festigkeitswerte mehr als verdoppelt (auf 200 kg/Pellet) und die Temperatur um 50°C im Brennaggregat erniedrigt werden. Das bei 1200°C vorgebrannte Rückgut hat somit die bekannte Festigkeitssteigerung und Temperaturerniedrigung auch in chemisch reinen Fe_2O_3-Pellets zur Folge.
Rückgut, das diese Vorbrenntemperatur nicht erreicht oder überschritten hat, verursacht starke Veränderungen im Festigkeits-Brenntemperatur-Verhalten. So müssen Pellets mit solchem Rückgut bei höherer Temperatur (siehe Abb. 53) gebrannt werden; sie erreichen nicht die hohen Festigkeiten der normalen Rückgutpellets.

D. Diskussion der Ergebnisse

1. Ungebrannte Pellets

Bei der Betrachtung der Bindemechanismen in Grünpellets wird in der Literatur (siehe Kapitel B.1.) vornehmlich der Einfluß der Pelletierflüssigkeiten und Feststoffe unter idealisierten Voraussetzungen dargelegt. Diese Ergebnisse lassen sich doch selten sofort auf die Praxis übertragen, weiterhin werden oft Definitionen und Ausdrücke verwandt, deren Reichweite nicht genügend abgegrenzt ist, so daß beim Vergleichen und Gegenüberstellen verschiedener Artikel Trugschlüsse auftreten.
Von starkem Einfluß ist – wie aus der Literatur zu ersehen – auf die Festigkeit von pelletiertem Material der Pelletierflüssigkeitsgehalt. Dieser kann in bestimmten Grenzen in unterschiedlichen Gehalten den Pellets zugegeben werden, so daß Flüssigkeitsbrücken vorliegen oder das Pellet durch den kapillaren Unterdruck der Flüssigkeit im Gesamtpellet zusammengehalten wird. Diese Unterschiede lassen sich durch den Flüssigkeitsfüllungsgrad beschreiben [92]. Oft liegt jedoch in einem Pellet keine gleichmäßige Verteilung der zugegebenen Flüssigkeit vor. So treten innerhalb der Pellets feuchtere und trockenere Schalen auf, die beim Ausgleichen andere Verhältnisse vortäuschen.
In den Untersuchungen dieser Arbeit wurden zunächst jeweils Pellets mit relativ hohen Pelletierflüssigkeitsgehalten hergestellt. Der Einfluß der Bewegungskräfte wurde soweit als möglich bei den zu vergleichenden Versuchen konstant gehalten, daher lief der Pelletierteller mit gleicher Drehzahl, der Durchmesser des Tellers und seine Neigung wurden ebenso wie die Verweilzeit des Gutes und auch die Menge im Teller nicht geändert. Diese Faktoren werden als stärkste Einflußgrößen dieser Kräfte hervorgehoben [93].
So wurden Pellets hergestellt, deren Festigkeitsmessungen oftmals dadurch erschwert wurden, daß sie ein plastisches Verhalten zeigten, bevor sie Risse bildeten oder zerbrachen.
Rumpf [21] beschrieb diesen Wassergehalt in Abb. 54 mit den Fällen c oder d.
Die einflußnehmenden geringeren Flüssigkeitsgehalte wurden durch Austrocknen dieser Pellets herbeigeführt. So ergeben sich im Pellet andere Bedingungen als beim Aufbau eines Pellets mit steigenden Flüssigkeitsgehalten. Die Zusammenhaltkräfte, ausgehend vom trockenen Pulver, können zunächst, nachdem sich ein Flüssigkeitsfilm durch

Lysorption um die einzelnen Teilchen gebildet hatte, durch Kohäsionskräfte erläutert werden. Unterstützt durch den Bewegungsablauf im Teller verbinden sich die Flüssigkeitsfilme zu Brücken. Bei steigendem Wassergehalt bzw. größerem Zusammentreten der Erzteilchen durch den Abrollvorgang füllen sich die verbliebenen Hohlräume in den Pellets, so daß aus den Zusammenhaltkräften der Kapillare zwischen einzelnen Teilchen sich der Zusammenhalt der optimalen Festigkeit einstellt, der durch den kapillaren Unterdruck des Gesamtverbandes hervorgerufen wird.

Beim Austrocknen der Pellets von Wassergehalten, die sich beim günstigen Pelletieren ergeben, stellt sich gegenüber den unterschiedlichen Gehalten in Pellets, wie sie sich beim Aufbau mit geringen Wassergehalten ergeben, ein geringerer Feuchtigkeitsgehalt an der Oberfläche der Pellets ein gegenüber der Feuchtigkeit im Innern. Dieser Unterschied, der sich bei höheren Trocknungstemperaturen bemerkbar machte, bewirkte vor allem bei durchgeführten Abrieb- und Falltestuntersuchungen an Grünpellets schlechtere Werte; dieser Einfluß konnte auch durch längeres Ausgleichslagern der Pellets bei Raumtemperatur nach der Trocknung mit höherer Temperatur vor den Messungen nicht ganz ausgeschlossen werden. Dieser Festigkeitsunterschied, hervorgerufen durch Temperaturunterschiede, wurde auch bei Filteraschen festgestellt [94]. Bei Auslagerungsversuchen in Raumtemperatur trat dieser Einfluß nicht so festigkeitsbestimmend hervor.

Bei Konzentratpellets kann die Bildung von Feststoffbrücken beim Auslagern oder Austrocknen durch Eindicken von Gelen oder sich auskristallisierenden Komponenten nicht erwartet werden.

So können nur die Kräfte vorliegen, die durch den Zusammenhalt Feststoff–Flüssigkeit bedingt sind. Untersuchungen dieser Kräfte wurden vor allem durchgeführt, um Möglichkeiten zu erforschen, mit geringem Aufwand die Abtrennung von Flüssigkeiten aus Schüttgütern herbeizuführen. Die Feuchtigkeit solcher körniger Güter setzt sich aus verschiedenen Flüssigkeitsanteilen zusammen: Innen-, Halt- und Zwickelflüssigkeit sowie der Zwischenraumkapillarflüssigkeit. Die Zwischenraumkapillarflüssigkeit nimmt den größten Anteil der äußeren Flüssigkeit in nassen Schüttgütern ein und somit müssen die Kräfte zur Abtrennung der Flüssigkeit größer als die Kapillarkräfte sein.

Für die Beurteilung eines Trocknungsprozesses eines Gutes gibt die Trocknungskurve die wesentlichen Anhaltspunkte [95]. In Abb. 55 ist der charakteristische in drei Trocknungsabschnitte zerlegte Verlauf eines Gutes unter konstanten Bedingungen angegeben.

g_D	=	Trocknungsgeschwindigkeit/Fläche	($g/m^2\,h$)
s	=	Gutdicke	(m)
x_m	=	mittlere Gutfeuchtigkeit	(g/g)
$x_{\mathrm{Kn}\,1}$	=	Gutfeuchtigkeit am 1. Knickpunkt	
$x_{\mathrm{Kn}\,2}$	=	Gutfeuchtigkeit am 2. Knickpunkt	
x_{hygr}	=	maximale hygroskopische Gutfeuchtigkeit	
x_{gl}	=	Gleichgewichtsfeuchtigkeit	

Der erste Abschnitt konstanter Geschwindigkeit, in dem die gesamte an der Oberfläche verdunstende Feuchtigkeit aus dem Gutinnern in der flüssigen Phase nachgefordert wird, ist beendet, wenn die kapillare Saugfähigkeit erschöpft ist. Der zweite Abschnitt, in dem der Trockenspiegel – das ist die Fläche im Innern des Gutes, an der im wesentlichen die Verdunstung bei der Verdampfungstemperatur der Gutflüssigkeit stattfindet – immer tiefer unter die Oberfläche wandert, ist beendet, wenn an keiner Stelle des Gutes mehr der der Guttemperatur zugeordnete Sattdampfdruck herrscht.

Danach – im hygroskopischen Bereich (dritter Trocknungsabschnitt) – wird die Trocknungsgeschwindigkeit gleich Null, wenn der Dampfteildruck im Luftstrom ins Gleichgewicht mit der Gutfeuchtigkeit kommt. Die Feuchtigkeitsbewegung in porigen Gütern unter der Wirkung von Kapillarkräften (Kapillarwasserbewegung) ist durch die inneren Kräfte bzw. die Zugkräfte verursacht, die sich infolge der Oberflächenspannung der in den Poren des Gutes haftenden Flüssigkeit einstellen.

Erfolgt an einer Stelle des anfänglich gleichmäßig feuchten Gutes eine Trocknung, so wird an dieser bei Verringerung des Flüssigkeitsgehaltes die verbleibende Flüssigkeit in engeren Poren haften und aus den benachbarten gröberen Poren Flüssigkeit nachsaugen.

O. Krischer [96] erklärt diese Vorgänge an dem einen Modell – einer Anordnung von zwei überall widerstandslos miteinander verbundenen Kapillaren verschiedener Weite.

Die Verdunstung findet nur an dem Meniskus der engeren Kapillare statt, da bei jedem Trocknungsgut die Zahl der feinen Kapillaren wesentlich größer ist als die der groben und die Verdunstung an der Oberfläche wegen der großen Verdampfungsgeschwindigkeit des Wassers nicht in entscheidendem Maße von der Zahl der größeren Kapillaren abhängt.

Im Anfang besteht an der Kapillare 1 (siehe Abb. 56) eine ebene Wasseroberfläche. Das verdunstete Wasser wird aus der Kapillare 2 nachgesaugt. Je mehr der Meniskus von 2 zurücktreten muß, desto stärker wird Meniskus 1 durchgebogen. Die Zugkraft in der Kapillare 1 wächst bis zum Höchstwert (— die Auslastung des Meniskus). Die Auslastung ist im Knickpunkt erreicht, wenn nämlich der Meniskus 2 eine Tiefe $s'_{2\,Kn}$ erreicht hat, die so groß ist, daß der verfügbare kapillare Zug zur Überwindung der Reibung in der Kapillare 1 verbraucht wird. Die anfängliche Trocknungsgeschwindigkeit kann nicht mehr aufrechterhalten werden. Die kapillare Leitfähigkeit hängt sehr stark von der Höhe des Flüssigkeitsgehaltes ab. Bei kleinstem Flüssigkeitsgehalt wird die kapillare Leitfähigkeit Null, das bedeutet aber, daß die Knickpunktkurve aller Güter bei mittlerer Feuchtigkeit, $x_m = 0$ mit waagerechter Tangente in $g_D = 0$ einmünden muß.

Nach Erreichen des Knickpunktes kann bei konstanten äußeren Bedingungen der Meniskus der Kapillare 2 nicht weiter zurückgesaugt werden, ohne daß Meniskus 1 ebenfalls zurückgeht. Hier beginnt der zweite Abschnitt der Trocknung. Beim zweikapillaren System muß noch ein zweiter Knickpunkt auftreten, wenn der Meniskus 2 bis in die Tiefe s zurückgesaugt ist. Die Verdunstung in Kapillare 1 ist nun lediglich durch die Diffusionsbedingungen bestimmt.

Tritt in einem Konzentratpellet mit hohem Wassergehalt ein Auslagerungs- bzw. Trocknungsvorgang ein, so verhält es sich wie ein nicht hygroskopisches kapillarporöses Gut. Zunächst beginnt ein anfänglicher Wasserverlust, bis sich ein Beharrungszustand einstellt; darunter ist bei erhöhten Temperaturen der Zustand zu verstehen, bei dem die Temperaturen an allen Stellen zeitlich konstant bleiben. An der Oberfläche eines grobkapillaren Gutes herrscht immer Sattdampfdruck bei gleicher Temperatur. Die an der Oberfläche der Pellets verdunstende Menge muß aus dem Innern nachgefördert werden. Der Kapillartransport wird durch das Flüssigkeitsgefälle bewirkt. Ein Nachtransport ist nur dann möglich, wenn die Kapillarkräfte (kapillare Leitfähigkeit) groß genug sind. Die Verdunstung bleibt näherungsweise konstant, und so läßt sich in diesem Trockenabschnitt eine konstante Trocknungsgeschwindigkeit annehmen. In diesem Bereich wird eine Zunahme der Punktdruckfestigkeit zu erwarten sein. Die Kräfte, die auf die einzelnen Erzteilchen einwirken, werden durch die Abgabe von Flüssigkeit des übersättigten Pellets verstärkt und vergrößern damit die Gesamtfestigkeit des Pelletverbandes. Bei weiterer Abgabe werden sich die Flüssigkeitsgehalte im

Innern des Pellets merklich verändern. Für das im Beharrungszustand je Stunde bewegte Wassergewicht gilt:

$$Gw = -F \cdot x \frac{dTw}{dZ}$$

Gw (kg/h)

F (m^2) = Fläche des Gutsquerschnittes

x (m^2/h) = Kap. Flüssigkeitsleitzahl

bzw. in $\left(\frac{m \cdot h}{m^3}\right)$

Tw (kg/m^3) = Flüssigkeitsgewicht in 1 m^3 Gesamtvol.

Die Feuchtigkeitsleitzahl x, die in diesem Zusammenhang auftritt, ist nicht nur vom Gut abhängig, wie z. B. die Wärmeleitzahl.
Stehen Poren des Pellets mit einer freien Wasseroberfläche in Verbindung, findet eine durch Verdunstung an der Gutsoberfläche hervorgerufene Wasserbewegung statt, wenn die kapillare Steighöhe der weitesten Poren nicht überschritten wird. Die Wasserbewegung erfolgt, obwohl kein Feuchtigkeitsgefälle vorliegt ($x \rightarrow \infty$). – Andererseits verbreitet sich ein Wasserfleck auf Sand nur über einen abgegrenzten Bezirk, obwohl am Rand ein großes Feuchtigkeitsgefälle vorhanden ist ($x \rightarrow 0$). – Die Feuchtigkeitsleitzahl x hängt auch von der Höhe der Feuchtigkeit ab. Die Trocknung bzw. der erste Trocknungsabschnitt wird sich auf die angeführte Weise fortsetzen, bis die Oberfläche des Gutes keinen Feuchtegehalt mehr aufweist.
So werden von einem niedrigen Festigkeitswert ausgehend die Pellets, die nach Verlassen des Pelletiertellers hohe Wassergehalte aufweisen, zunächst standhafter werden; es bildet sich aber bald ein Maximum aus (siehe Abb. 11–15).
Bei weiterem Feuchtigkeitsverlust wird der Gesamtverband der Erzteilchen geschwächt werden. Die Kapillarkräfte können zwar in einer einzelnen Kapillare Maximalwerte annehmen, doch ändert sich der Gesamtaufbau der Pellets. Von dem Zusammenhalt des kapillaren Unterdrucks des fast völlig mit Flüssigkeit gefüllten Konzentratpellets wird jetzt der Übergang zum Zusammenhalt durch einzelne Brücken geschaffen.
Auffällig wird dieser Punkt bei den Versuchen, die durchgeführt wurden, um die Pellets ohne Schaden nach einer Auslagerung bzw. Trocknung dem Brennaggregat zuzuführen. Wichtig war hierbei, um die gleichen Oberflächenbeschaffenheiten zu erhalten, die Abriebfestigkeit der so behandelten Pellets.
Dieser Zeitpunkt wird durch die Größe der Trocknungsgeschwindigkeit während des Beharrungszustandes und die Höhe der Leitfähigkeit der Kapillaren festgelegt. Bei weiterer Austrocknung wird das Flüssigkeitsgefälle, das für den Kapillartransport maßgeblich ist, kleiner. Die an die Oberfläche fließende Menge muß geringer werden. Da die äußeren Bedingungen, d. h. die Diffusionsbedingungen zwischen Luft und Oberfläche des Gutes, gleichbleiben, muß zwangsläufig eine Verminderung der Trocknungsgeschwindigkeit resultieren. Das ist dann möglich, wenn die Verdunstung nicht mehr an der Oberfläche des Gutes, sondern im Innern erfolgt. Ein Trockenspiegel bildet sich im Gut aus. Die Feuchte wird in flüssiger Form bis an die Oberfläche der Flüssigkeit transportiert, gelangt durch die trockene Schicht und wird von der Oberfläche durch Stoffübertragung an die umgebende Luft abgegeben. Die Diffusion durch die trockene Gutschicht zwischen Flüssigkeitsspiegel und Oberfläche wird durch einen Widerstandsfaktor berücksichtigt: Dieser Faktor μ kann als Diffusionswiderstandszahl gemessen werden. Er läßt sich aufgliedern in einen Flächenfaktor μ_F und einen Wegfaktor μ_e:

$$\mu = \mu_e \cdot \mu_F$$

μ_F ist definiert als Verhältnis der gesamten Querschnittsfläche F zu der von den Poren eingenommenen Fläche Fp:

$$\mu_F = \frac{Fp}{F} \quad \text{bzw.} \quad Fp = \frac{F}{\mu_F}$$

Bei Betrachtung eines Volumenelementes des Gutes ergibt sich für die Porosität:

$$\psi = \frac{\text{Porenvolumen}}{\text{Gesamtvolumen}} = \frac{Fp \cdot l}{F \cdot l} = \frac{F \cdot l}{\mu_F \cdot F \cdot l} = \frac{1}{\mu_F}$$

wobei angenommen wird, daß die Poren senkrecht zum Querschnitt F angeordnete Röhren sind. In jedem Querschnitt muß der Porenquerschnitt gleich sein. Bei lose geschütteten Gütern, die verhältnismäßig grob sind, liegt der Wegfaktor in der Nähe von 1. Je feinporiger das Gut ist, um so größer wird der Wegfaktor (Seesand: 1,7), d. h. um so mehr übersteigt der Diffusionswiderstandsfaktor den Kehrwert der Porosität.
Liegen gesinterte Stoffe mit undurchlässigen Lamellen vor, wird der Diffusionswiderstandsfaktor nahezu unendlich; eine Verschiebung zu höheren Werten tritt auch dann ein, wenn Bindemittel zugegeben werden.
In den hochaufgemahlenen Konzentraterzpellets trat eine Ausbildung von einer trockenen Außenzone bei erhöhten Temperaturen sichtbar auf, parallel dazu verlief der Festigkeitsabfall, der bei fast feuchtigkeitsfreien Pellets nur noch den Zusammenhalt der Verzahnung der Erzteilchen untereinander aufwies.
Diese über das Festigkeitsmaximum hinaus ausgetrockneten Pellets ließen sich durch Zugabe von Feuchtigkeit wiederum in ihrem Festigkeitsverhalten verbessern. Auftropfen von Wasser ließ die Pellets nicht fester werden, da dieses punktförmige Eindringen der Feuchtigkeit nur einzelne Segmente der Pellets festigte; Eintauchen der Pellets in Wasser ließ sie zerfallen, nur durch Aufdüsen der Flüssigkeit, so daß diese von einer großen Oberfläche gleichmäßig eindringt, konnte die Festigkeit gesteigert werden.
Im Extremfall vom völlig ausgetrockneten ausgehend, konnte durch Steigerung der aufgedüsten Menge der Wassergehalt in den Pellets gleichmäßig gesteigert werden. Auch hier zeigte sich ein Festigkeitsmaximum, das jedoch niedriger lag als das Maximum der Austrocknung. Somit konnten die extrem hohen Kräfte zwischen den Erzteilchen nicht wieder herbeigeführt werden. Zum einen erhält die Flüssigkeit beim Eindringen nicht die Lage der Erzteilchen wie beim Trocknen, da diese selbst beim Aufdüsen durch das Eindringen des Wassers in ihrer Lage verändert werden, zum anderen werden vermehrt nur Brücken zwischen den Erzteilchen auftreten, die wie schon vorher erörtert, nicht solche Festigkeiten hervorrufen wie ein durch den Unterdruck der Kapillaren mit Flüssigkeit gefülltes Pellet.
Zugaben von oxydierend gebranntem Material, das beim Brennen der Pellets hohe Punktdruckfestigkeitswerte erbringt, verminderte die Festigkeit der Grünpellets wie auch die Werte beim Austrocknen. Dies galt sowohl bei Zugaben von hämatitisch gebranntem Rückgut aus magnetitischem Sydvaranger-Konzentrat wie auch beim Hämatit Venezuela mit Hämatitzusatz.
Beim Brennen der Pellets (Mechanismus siehe Kapitel D. 2.1 und D. 2.2) durchlaufen die Erze bis zur Brenntemperatur der optimalen Festigkeit mehrere nacheinander- und ineinandergreifende Stadien der Diffusionsmöglichkeiten.
So liegt nach dem Brennen ein Material vor, dessen Oberflächendiffusion schon bei weit niedrigerer Temperatur abgeschlossen war.

Bei der plötzlichen Abkühlung von der hohen Brenntemperatur liegt zwar im Innern der zusammenkristallisierten Erzteile ein stark gestörtes Gitter vor, die Oberflächen zu den vorhandenen Poren sind jedoch weitaus weniger mit aktiven Zentren versehen als dies bei normalen Erzen zu erwarten ist. Da diese Porenoberflächen beim Aufmahlen der Pellets vornehmlich Oberflächen der Rückgutteilchen werden, sind die niedrigen Festigkeiten der Pellets durch diese geringere Oberflächenaktivität des Zusatzmaterials zu erklären. Elektronenmikroskopische Aufnahmen des Konzentrats und des Rückgutes zeigen diesen Unterschied in der Oberflächenbeschaffenheit deutlich. Neben dieser Veränderung der Oberfläche zeigt sich auch eine Formveränderung der einzelnen Teilchen. Beide Faktoren verbinden sich zu einer Einflußgröße; siehe Abb. 57 und 58.
Auffällig anders sind Teilchen in Abb. 59, die die weitaus aufgerissenere Oberfläche von vorreduziertem Material erkennen lassen.
Die Festigkeit von Pellets mit Zusatz dieses Materials lag daher auch höher als die Festigkeit der zusatzfreien Pellets durch die erhöhte Benetzbarkeit des Zusatzes, wie auch die Teilchenformveränderung von glatten kubischen Kristallen zu kapillarkraftsteigernden Teilchen, die kristallinen Haufwerken gleichen.
Der Einfluß dieses Materials zeigt sich in den Abb. 16–28. Durch Zugabe von im Fluidatbett hergestelltem Material werden die Verbesserungen der Festigkeit jedoch zum Teil auch durch das feinere Körnungsband hervorgerufen. Jedoch bei Zusatz von vorreduziertem Material, das aus Pellets durch Aufmahlen gewonnen wurde und dessen Körnungsband dem Ausgangsmaterial angeglichen wurde, zeigt sich der Einfluß der veränderten Oberfläche.
Weitaus interessanter sind bei diesen Pellets jedoch die gewaltigen Festigkeitszunahmen bei geringen Feuchtigkeitsgehalten. Durch Zusatz von 60% Menge mit 42% Reduktionsgrad ließen sich beim Auslagern über 48 h Festigkeiten von über 20 kg erreichen. Diese Werte sind fast ausreichend, um die Pellets ohne weiteres Brennhärten einem Reduktionsdrehrohr zuzuführen.
Da durch die Reduktion der Eisenerzkonzentrate nur der Oxydationsgrad der Erze verändert wurde, können nur Brücken für den Zusammenhalt verantwortlich sein, die sich durch die Verbindung dieser Reduktionsprodukte bilden. Da der Zusammenhalt der Teilchen solch hohe Festigkeiten hervorrief, konnte nicht mehr erwartet werden, daß Flüssigkeitsbrücken für diese Steigerung verantwortlich waren.
Beim Zerstören der so verfestigten Pellets bis auf eine Feinheit, die unter dem Elektronenmikroskop festgehalten werden konnte, zeigte sich auch diese Feststoffbrückenbildung (Abb. 60).
Da zur Bildung von festen Brücken ein bestimmter Reduktionsgrad vorausgesetzt werden muß, wie es sich bei Zugabe von vorreduziertem Material mit 18% Reduktionsgrad in Venezuelapellets zeigte, bei dem keine Verfestigung eintrat, kann angenommen werden, daß nur die Teile mit hoher Reaktionsfähigkeit Brücken bilden; durch die Analyse konnte zudem festgelegt werden, daß die Fe_{met} Anteile von 10,8% im Pelletiermaterial durch Zugaben von 20% Zusatz mit 76% Reduktionsgrad auf 2,75% nach 40 Tagen abfallen.
Als mögliche Festigkeitsbrücken liegen nach Auswertung des Elektronenmikroskops und Beugungsverfahrens entweder $Fe_2O_3 \cdot H_2O$, $2\,Fe_2O_3 \cdot H_2O$ oder Fe_3O_4 vor.
Die Umwandlung des Fe_{met} in eine dieser Formen verläuft durch Korrosion [97] des elementaren Metalls in den gebundenen Zustand unter Schichtbildung, diese Reaktionen werden mit zunehmender Schichtdicke langsamer. Zur Klärung des Ablaufes können nicht die Korrosionsmodelle wie sie bisher untersucht wurden, sofort übernommen werden, da es sich hier um feinverteilte frisch reduzierte Fe_{met}-Partikel in einem oxydischen Haufwerk handelt und nicht – wie oft untersucht – um feste Metallplatten. Diese

Reaktionen verlaufen ähnlich wie beim Reoxydieren von frisch reduzierten hochporösen Eisenschwammpellets, nur daß die Angriffsfläche der einzelnen Partikel noch größer und die Pelletierflüssigkeit vorhanden ist.
Bei diesen hochreaktionsfreudigen Fe_{met}-Teilchen wird neben der zu erwartenden nassen Korrosion eine trockene Korrosion (Oxydation) eintreten können, bei der sich reine Metalloxide bilden. Sind die aktiven Zentren der Fe_{met}-Partikel durch Sauerstoff abgesättigt, wird die Reaktion zum Erliegen kommen; diese Reaktionen sind zeit- und temperaturabhängig. So geben HAUFFE [98], EVANS [99] und KABASCHEWSKI [100] übereinstimmend das parabolische

$$\left(\frac{\Delta m^2}{q}\right) = k'' \, t; \; k'' \; [g^2 \cdot \mathrm{cm}^{-4} \cdot \mathrm{sec}^{-1}]$$

bzw. das lineare Zeitgesetz

$$\frac{\Delta m}{q} = l'' \, t; \; l'' \; [g \cdot \mathrm{cm}^{-2} \cdot \mathrm{sec}^{-1}]$$

an.

Für die Ausbildung dünner Oxydschichten bei niedrigen Temperaturen unterscheiden sie sich etwas, und außerdem geben die verschiedenen Autoren einen unterschiedlichen Gültigkeitsbereich an.
So verläuft nach WINTERBOTTOM [101] das Oxydwachstum unter 150° C nach einer Inkubationszeit nach dem parabolischen Wachstumsgesetz, nach EVANS [99] nach einem kombiniert logarithmischen Gesetz und nach HAUFFE [98] aufbauend auf die Theorien von MOTT und CABRERA nach einem logarithmischen Gesetz

$$\frac{\Delta m}{q} = k_1 - k_2 \ln t$$

für den Bereich von Raumtemperatur bis 250° C. VERNON gibt für den Temperaturbereich von Raumtemperatur bis 180° C ein logarithmisches Zeitgesetz der Form

$$\frac{\Delta m}{q} = \mathrm{const} + k_1 \cdot \log (k_2 t + 1)$$

an.

Entsprechend dem Zustandsdiagramm des Systems Fe—O besteht der weitaus größte Teil unter 570° C aus Fe_3O_4. Also wird auch die Oxydationsgeschwindigkeit durch die Wachstumsgeschwindigkeit der Fe_3O_4-Schicht gegeben.
Der Betrag der trockenen Korrosion ist jedoch nach KABASCHEWSKI [100] gering, jedoch muß die Reaktionsfreudigkeit des Metallpulvers und die feine Verteilung immer berücksichtigt werden.
Diese Oxydation wird somit in frisch reduzierten Fe-Pulvern auftreten und dort Zusammenwachsungen herbeiführen. Bei zu langem lagern in Luft wird jedoch auch die Kraft aufgebraucht, die in Pellets den Zusammenhalt übernehmen soll.
In Grünpellets wird diese trockene Korrosion nur geringe Festigkeitssteigerungen hervorrufen, weitaus mehr wird die naßchemische Korrosion bewirken.
Wie bereits erwähnt wurde, verlangsamt sich bei der trockenen Korrosion die Korrosionsgeschwindigkeit beim Anwachsen der Korrosionsschicht, wogegen die nasse Korrosion bis zum Aufbrauchen des Agens fortschreitet. An einem teilweise mit Rost umgebenden Fe-Partikel in sauerstoffhaltigem Wasser, in dem Salze gelöst sind, fließt bei der elektrochemischen Korrosion ein elektrischer Strom zwischen der Oxydschicht als

Kathode und dem blanken Metall als Anode. Maßgebend für den Stromfluß ist die kathodische Reduktion des Sauerstoffs nach der Gleichung

$$O + H_2O + 2\,e = 2\,OH^-$$

solange der Sauerstoff ungehindert zur kathodischen Oberfläche diffundieren kann.

An der Anode geht das Eisen als Eisen(II)ion entsprechend der Gleichung

$$Fe = Fe^{2+} + 2\,e$$

in Lösung. Das kathodische Reaktionsprodukt ist Natriumhydroxid, das anodische Eisen(II)chlorid.
Da beide Reaktionsprodukte gut löslich sind, verlangsamt sich der Angriff nicht. Wo sie zusammentreffen, fällt sofort Eisen(II)hydroxid $Fe(OH)_2$ aus, das bei ausreichend vorhandenem Sauerstoff zu Eisen(III)hydroxid oxydiert wird. Diese Substanz, auch gelber Rost genannt, besitzt die Formel FeO(OH) oder $Fe_2O_3 \cdot H_2O$. Wenn die vorhandene Sauerstoffmenge begrenzt ist, bestehen die Reaktionsprodukte aus grünen Eisen(II)-Eisen(III)hydroxyden oder schwarzem, wasserfreiem Magnetit Fe_3O_4. Somit kann sich ein Oxyd, Hydroxyd oder Oxydhydrat bilden. Die elektronische Korrosion beruht also auf einem Zusammentreffen von Eisen mit Sauerstoff (und meist mit Wasser), wobei sich ein Oxyd, Hydroxyd oder Oxydhydrat bildet. Das Merkmal dieser Korrosion ist, daß Eisen an einer Stelle in Lösung geht, der Sauerstoff an einer anderen Stelle aufgenommen wird und das Reaktionsprodukt an einer dritten Stelle entsteht. Deshalb bringen die festen Korrosionsprodukte, die in einiger Entfernung von der Angriffsstelle gebildet werden, den Angriff nicht zum Erliegen, sondern fördern oft noch die elektrochemische Korrosion auf Grund ihrer katalytischen Wirkung.
Die Korrosionsneigung eines Metalls wird durch die freie Gibbssche Reaktionsenthalpie gegeben. Je negativer der Betrag ist, desto größer ist die Neigung zu reagieren, dieses bedeutet, daß mit einem negativen AG-Wert die Korrosion eintreten kann, ganz bestimmt aber wird sie bei einem positiven AG-Wert nicht eintreten.

Das elektrochemische Potential wird durch die Nernstsche Gleichung gegeben

$$Fe = Fe^{++} + 2\,e^-$$

$$E_{Fe} = E^0_{Fe} - RT \ln \frac{(Fe^{++})}{Fe} = 0{,}44\,V$$

Wichtig ist bei der chemischen Korrosion der Einfluß der pH-Werte auf die Korrosionsgeschwindigkeit. In dem pH-Bereich von 4 bis 10 ist die Korrosionsgeschwindigkeit unabhängig von dem pH-Wert. Sie ist nur von der Diffusionsgeschwindigkeit des Sauerstoffs (Sauerstoffkorrosionstyp) abhängig.
Bei einem pH-Wert unter 4 ist der Oxydfilm aufgelöst und das Eisen steht mit seiner Umgebung in unmittelbarem Kontakt. Die Korrosionsgeschwindigkeit hängt dann von der Wasserstoffentwicklung und der Sauerstoffdepolarisation ab.
Lösungen mit pH-Werten über 10 passivieren das Eisen zunehmend. Das Potential des Eisens steigt von —0,4 bis —0,5 V auf 0,1 V an und entspricht damit dem eines Edelmetalls. Entsprechend sinkt die Korrosionsgeschwindigkeit. Bei einem pH-Wert von 16 wird die Passivität unterbrochen, das Potential des Eisens fällt auf —0,86 V. Die Korrosionsgeschwindigkeit steigt nur leicht. Das Eisen korrodiert zu löslichem $NaFeO_2$.
Wie bereits erwähnt, ist die Korrosion in dem pH-Bereich von 4 bis 10 diffusionsabhängig. Da die natürlichen Wässer in diesen Bereich fallen, wird ihre Korrosionsgeschwindigkeit bestimmt durch

1. die Sauerstoffkonzentration
2. die Temperatur
3. die Löslichkeit

Die Sauerstofflöslichkeit bewirkt die Korrosionsgeschwindigkeit, jedoch wird bei offenen Systemen wie mit Wasser gefüllten Pellets dieses Löslichkeitsverhalten über 80° C stark abfallen, somit wird auch die Erkenntnis bei Pellets nicht eintreten, daß sich die Korrosionsgeschwindigkeit jeweils nach einer Erhöhung der Temperatur um 30° C verdoppelt [102]. Um zu klären, welche Art der Verbindung in den Pellets nach der Korrosion vorlag, wurden Pellets einem Glüh- und Trockenprozeß bei 400° C im N_2-Strom unterworfen und anschließend die Festigkeit gemessen. Dabei zeigte sich, daß alle Pellets, die nach 4 Monaten gute Werte erreicht hatten, abfielen und zwar bei Pellets mit 60% Zusatz von 76% Reduktionsgrad von 45 auf 20 kg/Pellets und Pellets mit 20% Zusatz von 20 kg auf ca. 10 kg. Auch die Pellets mit Zusatz geringer Reduktionsgrade zeigten einen Abfall der Festigkeitswerte auf die Hälfte der Werte vor dem Glühen.
So wird nach diesem Prozeß ein Pellet vorliegen, das in seinem Innern rein oxydische Brücken besitzt, die aus den vorher vorliegenden Hydroxydbrücken entstanden sind.

3. Gebrannte Pellets

Der Bindungsmechanismus, der die einzelnen Erzteilchen in Konzentrat-Pellets zusammenhält, kann durch die Verunreinigungen im Eisenoxidkonzentrat kaum beeinflußt werden, da die aufbereiteten Erze wenig Gangartstoffe enthalten. Die Möglichkeit der Bildung von niedrig schmelzenden Eutektika der Gangartmineralien untereinander oder in Verbindung mit den Eisenoxyden ist somit in diesen hocheisenhaltigen Pellets kaum vorhanden, doch können feste Körper mit erheblicher Geschwindigkeit ohne Dazwischentreten einer fluiden Phase reagieren [103]. Pellets aus reinen Fe_3O_4-Erzen, die durch Oxydation zu Fe_2O_3-Pellets gebrannt wurden, beschrieb Tigerschiöld [72]. Reine Fe_3O_4-Konzentrate bilden durch die Umkristallisation des kubischen Gitters in das hexagonale Fe_2O_3-Gitter der einzelnen Erzteilchen und des damit verbundenen leichteren Zusammenwachsens einen stabilen Kornverband.
Doch auch Pellets aus Fe_2O_3-haltigen Erzen können soweit verfestigt werden, daß sie den gewünschten Bedingungen für eine anschließende Reduktion entsprechen. Selbst chemisch reines Fe_2O_3 erreicht nach Zusammenballen zu Pellets und anschließendem Brennen Festigkeitswerte, die einen weiteren Bindungsmechanismus neben der Schmelzbildung und der Umkristallisation durch Oxydation voraussetzen.
Fe_2O_3 ist bei Luftatmosphäre bis ca. 1400° C beständig, erst wenn der Sauerstoffgehalt bei Pelletbrenntemperaturen von 1200° C unter $\lg p_{O_2} = -3$ gesenkt wird, wird sich Hämatit in Magnetit umwandeln. Die Beständigkeit von Hämatit wurde in Versuchen in Ofen- und Luftatmosphäre mit anschließender Reduktionsgradbestimmung durch Titration und mit magnetischer Waage (Tab. 39) und durch Röntgenaufnahmen nachgewiesen. Fe_2O_3 kann in verschiedenen Modifikationen auftreten und zwar als α-Fe_2O_3, γ-Fe_2O_3 und δ-Fe_2O_3 [105, 106, 107]. Die sehr viel häufigere Form, in der Hämatit vorliegt, ist α-Fe_2O_3 [108]; es kristallisiert im hexagonalen Gitter. Jedes Eisen-Atom wird von 6 Sauerstoffatomen und jedes Sauerstoffatom von 4 Eisen-Atomen umgeben [109].
In den Versuchen dieser Arbeit, bei denen die Druckfestigkeit von Pellets aus Konzentraten mit und ohne Rückgut und als Mischerzpellets als Funktion der Brenntemperatur aufgetragen wurde, ergab sich ein Kurvenverlauf mit einem Maximum; diese Festig-

keitsänderungen wurden in der Literatur [110, 111] bei Eisenerzen und anderen Oxiden als Sinter- oder Schmelzflußauswirkung gedeutet.
Da das in einigen Versuchen verwandte Sydvaranger-Erz bis 21% Fe besitzt und 7–8% SiO_2 (Tab. 2), kann ein Schmelzfluß der Gangart und Eisenoxydbestandteile und eine Aufoxydation auftreten. Diese Erklärung verliert aber an Bedeutung bei den übrigen Erzen, die zu Pellets gebrannt wurden; Iron-Prince enthält kein Fe^{++} und außer 0,4% SiO_2 nur Spuren anderer Gangartmineralien, und auch Pellets aus diesem Erz besitzen ein Festigkeitsmaximum bei einer bestimmten Brenntemperatur.
Selbst Pellets aus reinem Fe_2O_3 zeigen das ausgeprägte Maximum bei 1200° C. Die Druckfestigkeit stieg bis auf 89,5 kg an und fiel bei weiterer Temperaturerhöhung ab. Diese Festigkeit wurde unter Brennofenatmosphäre und bei reiner Sauerstoffatmosphäre im Tammannofen erreicht; somit ist keine Umwandlung des Eisenoxids zu erwarten.
Die Verbindung der Fe_2O_3-Teilchen in den Pellets kann damit nur auf schmelzfreien Fritt- und Sintervorgängen beruhen. Als solche kommen Rekristallisationserscheinungen in Frage, wie sie in der Pulvermetallurgie behandelt werden.
Rekristallisation beruht auf Platzwechselvorgängen der Atome. Nach Tammann [112] nimmt die Zahl der Platzwechsel vom Schmelzpunkt an mit sinkender Temperatur ab und wird bei Metallen bei etwa $1/3$ der absoluten Schmelztemperatur unmerklich. Die Platzwechselhäufigkeit steigt jedoch mit höherer Temperatur sehr stark an. Bei etwa $2/3$ der Schmelztemperatur beginnt nach Tammann [113] das Zusammenwachsen der Sintermetallpulver. Überträgt man diese Erkenntnis auf Hämatit, so müßte bei ca. 1050° C die Verbindung der Teilchen einsetzen. Die hier erstmalig auf Eisenerze angewandte Faustformel trifft bei den untersuchten Erzen, Konzentraten und reinem Fe_2O_3 offensichtlich zu.
Von Hüttig [114–116] wurde der Sintermechanismus von feinkörnigen Materialien bei Steigerung der Temperatur weiter untersucht. Werden die Werte auf Fe_2O_3 umgerechnet, so ergibt sich folgende Systematik (dabei ist α als Bruchteil der in absoluter Zählung anzunehmenden Schmelztemperatur zu verstehen):

$\alpha = 0$ bis 0,23: (360° C für Fe_2O_3)	Mit der Temperatur zunehmender Abdeckungseffekt als Folge von Adhäsionskräften, Absinken des Adsorptionsvermögens.
$\alpha = 0{,}23$ bis 0,36 (360° C — 570° C für Fe_2O_3)	Aktivierung durch Molekül-Umgruppierung in der Oberfläche, die durch die hier in merklichem Ausmaß einsetzende Oberflächendiffusion verursacht werden; Lockerung oder Abgabe oberflächlich adsorbierter Gase, Anstieg des Adsorptionsvermögens.
$\alpha = 0{,}33$ bis 0,45 (520° C — 710° C für Fe_2O_3)	Desaktivierung infolge Beendigung der Oberflächenmolekül-Umgruppierung und dadurch bedingte Stabilisierung der Oberfläche. Starker Abfall des Adsorptionsvermögens.
$\alpha = 0{,}37$ bis 0,53 (580° C — 840° C für Fe_2O_3)	Aktivierung infolge der Molekül-Umgruppierungen im Kristallinnern, die durch die hier in merklichem Ausmaß einsetzende Gitterdiffusion verursacht werden; Ausstoßung der allenfalls im Gitter enthaltenen gasförmigen Bestandteile. Diese Vorgänge wirken wenig auf die Adsorption.
$\alpha = 0{,}48$ bis 0,8 und höher: (760° C — 1250° C für Fe_2O_3)	Desaktivierung infolge Gitterdiffusion, Verkleinern der Oberfläche infolge Sammelkristallisation. Absinken des Adsorptionsvermögens.

$\alpha = 0{,}8$ bis 1,0 (ab 1250° C für Fe_2O_3)	Allenfalls neuerliche Aktivierung als Vorbereitung des Schmelzvorganges.

Da das Maximum der Druckfestigkeit der Pellets bei einer Brenntemperatur von 1200° C erreicht wurde, beruht die Verbindung der Teilchen nach diesen Überlegungen bis zu dieser Temperatur auf einem Kristallisationsvorgang, der über die Gitterdiffusion verläuft. Erst ab 1250° C kann ein Schmelzen, verbunden mit einem viskosen Fließen eintreten.

In Untersuchungen mit reinen Metallpulvern werden Kristallisationsvorgänge und viskoses Fließen scharf voneinander getrennt, da sie verschiedene mechanische Eigenschaften in den behandelten Materialien hervorrufen.

FRENKEL [177] beschrieb das viskose Fließen mit dem Halswachstum-Zeitgesetz. Der Sintermechanismus wurde weiterhin durch KUCZYNSKI [118–120] gedeutet. In den Versuchen wurden Kugeln auf ebene Platten oder zwei Kugeln gegeneinander gelegt und diese dann verschiedenen Temperaturen, Gasatmosphären und Haltezeiten ausgesetzt. FRENKEL beschrieb den Sintervorgang, indem er den Halsradius y als Funktion der Zeit auftrug, der sich bildet, wenn zwei Kugeln zusammenwachsen.

$$y = \frac{3}{2} \frac{a \cdot \sigma}{\eta} \cdot t$$

y = Halsradius
a = Kugelradius
σ = Oberflächenspannung
η = Viskositätskoeffizient

Der Ausdruck $\frac{a \cdot \sigma}{\eta}$ ist temperaturabhängig; vereinfacht lautet die Funktion damit:

$y^2 \sim t$ viskoses Fließen

und nach KUCZYNSKI [118–120]

$y^3 \sim t$ Destillation und Kondensation
$y^5 \sim t$ Volumendiffusion
$y^7 \sim t$ Oberflächendiffusion

Diese Ergebnisse von Metall- und Glaskugeln können nicht direkt auf den Bindungsmechanismus in Pellets übertragen werden, da nach CABRERA [117] kein Unterschied im Exponenten für Volumen- und Oberflächendiffusion besteht. Auch BALLUFI und ALEXANDER [121–122] und HERRING [123] finden diese unterschiedlichen Ergebnisse, sogar den Einfluß der Geometrie der Teilchen bezieht man in den Exponenten ein. HERRING [124] hält die Teilchengröße in einer Beziehung fest. Er läßt große Teilchen mit der Zeit t_1 und kleine Teilchen mit der Zeit t_2 einen bestimmten Sinterzustand erreichen.

$t_1 = \lambda^1 \cdot t_2$ plastisches Fließen
$t_1 = \lambda^2 \cdot t_2$ Verdampfen und Kondensieren
$t_1 = \lambda^3 \cdot t_2$ Volumendiffusion
$t_1 = \lambda^4 \cdot t_2$ Oberflächendiffusion

Der Größenfaktor λ zeigt an, daß kleine Teilchen durch Volumen- und Oberflächendiffusion schnell verbunden werden; viskoses Fließen und Destillation treten zurück.

Da Konzentrate und Erze, die zu Pellets verarbeitet werden, zumeist einen Aufmahlgrad mit 60% < 40 μ besitzen, läuft beim Brennen dieser Pellets der Bindungsmechanismus über die Oberflächen- und Gitterdiffusion.

Das Zusammenwachsen zweier Kristallite in einem Kornverband eines Pellets kann somit durch die Diffusion einzelner Atome der Oberfläche und aus dem Gitterverband erklärt werden, da die Temperaturen für eine Schmelzflußbildung zu niedrig sind; des weiteren sind die Haltezeiten genügend lang und durch den hohen Aufmahlgrad viele kleine Teilchen vorhanden.

In den Versuchen im Rahmen dieser Arbeit zeigte sich nicht nur ein Ansteigen der Punktdruckfestigkeit und Abriebfestigkeit bei Erhöhung der Brenntemperatur, sondern nach Ausbildung eines Maximums auch ein Festigkeitsabfall. Dieser Härteverlust tritt bei Temperaturen ein, die nach HÜTTIG [114] schon viskoses Fließen ermöglichen.

Jedoch wird beim Betrachten der Kurven, in denen die Temperatur als Parameter und die Zeit als Funktion der Punktdruckfestigkeit aufgetragen wurde, ebenfalls ein Maximum beobachtet. Dieses Maximum kann nicht allein durch viskoses Fließen und der damit verbundenen Änderung der mechanischen Eigenschaften erklärt werden. Der Abfall an Festigkeit tritt hier beim Brennen von Pellets ein, die weit unterhalb der Temperatur, die zum viskosen Fließen nötig ist, gehärtet wurden. Allein die längere Haltezeit bewirkte den Festigkeitsabfall; daher muß ein weiteres Phänomen der Sinterung berücksichtigt werden.

In Schliffbildern reiner Fe_2O_3-Pellets (Abb. 62–64), die durch verschieden hohe Temperaturen gehärtet wurden, zeigen sich helle Brücken zwischen den einzelnen Teilchen, die den Zusammenhalt des Pellets übernehmen. Der Verwachsungsgrad der vielen Teilchen wird durch steigende Brenntemperaturen von 1100°C (Abb. 62) auf 1200°C (Abb. 63) größer, und parallel dazu steigt die Festigkeit der entstehenden Pellets.

Beim Überschreiten der Brenntemperatur von 1200°C (Abb. 64) bilden sich aber keine neuen Brücken mehr, da an allen Berührungspunkten der Erzteilchen Verbindungen entstanden sind. Die neuen Kristallite werden größer zwischen den Ausgangsteilchen, und so wachsen einige wenige auf Kosten vieler anderer an.

Diese Grobkornbildung wurde an reinen Metallpulvern bei hohen Sintertemperaturen schon von KIEFFER und HOTOP [125], SAUERWALD [126–128], OHMANN [129] und BEYER [130] beobachtet. HEDVALL [131] berichtet, daß in reinen Fe_2O_3-Pulvern schon bei 900–1000°C ein Kornwachstum in Erscheinung tritt, und SAUERWALD [127] hat festgestellt, daß bei Metallpulvern bei 3/4 der Schmelztemperatur (bei reinem Fe_2O_3 ca. 1200°C) schon eine Verdoppelung der ursprünglichen Korngröße vorliegt. Übereinstimmend mit den Versuchen von SALMANG [110], der die Druckfestigkeit von Steinen untersuchte und bei Temperaturerhöhung trotz abnehmender Porosität einen Druckfestigkeitsverlust feststellte, wie auch SAUERWALD an synthetischen Metallkörpern [127], muß auch bei Pellets aus reinem Fe_2O_3 dieser Einfluß des Kornwachstums in das Festigkeitsverhalten mit steigender Temperatur oder Haltezeit einbezogen werden.

Pellets aus reinem Fe_2O_3 und Konzentrate mit wenig Gangartstoffen, die eutektische Schmelzen bilden können, erhalten durch Oberflächen- und Volumendiffusion beim Brennen ihre Punktdruck- und Abriebfestigkeit, da die einzelnen Kristallteilchen durch Brücken zwischeneinander zusammenwachsen. Gegenläufig zu dieser festigkeitssteigernden Brückenbildung tritt schon bei niedriger Temperatur ein Kornwachstum ein. Dieses erlaubt ab einer für das Erz charakteristischen Brenntemperatur einen großen Einfluß, so daß die Festigkeit des Gesamtpellets darunter leidet und abfällt. Die Grobkornbildung kann entweder bei hohen Temperaturen durch viskoses Fließen hervorgerufen werden oder bei niedrigen Temperaturen und langen Haltezeiten durch Oberflächen- und Gitterdiffusion.

Durch Zusatz von vorgebranntem Material wurden Pellets aus Erzen, Konzentraten und chemisch reinem Fe_2O_3 des gleichen Ausgangsstoffes weit über das Festigkeitsmaximum von Pellets ohne Zusatz gehärtet.

Da die Bedingungen beim Brennvorgang der Pellets mit Rückgut gleich denen ohne Rückgut waren, sollte die Theorie in beiden Fällen die gleichen Bindungsmechanismen voraussetzen. Der Unterschied der Festigkeit der Pellets mit und ohne Rückgut kann durch verschieden intensives Eintreten der Diffusionsvorgänge hervorgerufen und erklärt werden.

Die Diffusion von Atomen oder Ionen in einem Kristall kann durch die Diffusion der Leerstellen beschrieben werden, die nach der Diffusion auf dem Ausgangsplatz des Atoms oder Ions zurückbleiben.

Ohne Zusatz wurde nachgewiesen, daß durch höhere Aufmahlgrade eine Festigkeitssteigerung erzielt werden kann. Die vermehrte Brückenbildung in diesem Fall zwischen den Erzteilchen kann durch die Zahl der möglichen Berührungspunkte der einzelnen Teilchen untereinander erklärt werden, die durch die höhere Aufmahlung vergrößert wird und somit die Zahl der sich bildenden Brücken steigert. Einen weiteren Einfluß besitzt aber auch die stärkere Oberflächendiffusion im Kornverband, da durch höhere Aufmahlgrade die Gesamtoberfläche der Erzteilchen in einem Pellet steigt. Diese vermutliche Auswirkung der Oberflächendiffusion auf die Festigkeitssteigerung darf nicht vernachlässigt werden. Obwohl durch Zugabe von vorgebranntem Zusatzgut weit größere Festigkeitssteigerungen erzielt werden können und deshalb zur Erreichung einer bestimmten Pelletfestigkeit unter Umständen niedrigere Aufmahlgrade möglich gewesen wären, wurde deshalb in den Versuchen mit Rückgut der Aufmahlungsgrad des Rückgutes bewußt dem des Ausgangserzes angepaßt. Hiermit wird der Einfluß der größeren Oberfläche ausgeschaltet und die Oberflächendiffusion bei Pellets mit Zusatz in der Größenordnung derjenigen von Pellets ohne Zusatz gehalten. Da das Zusatzgut, das aus vorgebrannten Pellets hergestellt wurde, nach dem Härtungsprozeß aufgemahlen worden war, kann auch der Einfluß von aktivierten Oberflächen vernachlässigt werden, wie auch bei der Untersuchung an ungebrannten Pellets festgestellt wurde, der beim Behandeln von feinkörnigen Materialien eintritt und die Oberflächendiffusion unterstützen kann.

Der Mengeneffekt der Diffusion über die Korngrenzen (interkristalline Diffusion) ist 10^2 bis 10^3mal größer als der bei der Gitterdiffusion (intrakristalline Diffusion) [132]. Korngrenzen sind Leerstellenverläufe durch einen Polykristall zum Überwinden der verschiedenen Richtungen der Einzelkristalle. Die Möglichkeit der Korngrenzenvermehrung in einem Kristall kann dadurch erreicht werden, daß man aus einem großen Einkristall viele kleine aneinandergewachsene Einzelkristalle bildet. Doch nicht nur das Aufteilen eines Einkristalles vergrößert die Korngrenzenhäufigkeit, auch durch das Zusammenwachsen mehrerer Kristalle werden neue Korngrenzen geschaffen. Die Verbindung zweier Kristalle entsteht zudem nicht allein dadurch, daß ein Kristall dem anderen seine Kristallrichtung aufzwingt, sondern daß sich am Berührungspunkt ein neuer Kristall mit eigener Richtung bildet, der durch neugeschaffene Korngrenzen mit den Ausgangskristallen verbunden wird.

Die Entstehung neuer Korngrenzen tritt beim Pelletbrennen ein. Ein Grünpellet mit einer großen Oberfläche bildet beim Härten an den Berührungspunkten der Erzteilchen Brücken. Diese Brücken vermehren die Korngrenzen in dem Pelletverband. Da dieses Zusatzgut aus vorgebrannten und wiederaufgemahlenen Pellets besteht, kann vorausgesetzt werden, daß die Zahl der Korngrenzen im Rückgut größer ist als im Ausgangsgut, da die Bruchgrenzen der Körner oft durch die Kristalle verlaufen und nicht entlang der Korngrenzen.

Korngrenzen können nur durch Transport von Atomen bzw. Leerstellen in einem Kristall zur Brückenbildung mit einem Nachbarkristall herangezogen werden, wenn sie in Richtung der zu schaffenden Brücke zeigen. Die Wahrscheinlichkeit der günstigen Korngrenzenrichtung ist nicht allein von bestimmendem Einfluß, da die Brückenbildung zwischen Erzteilchen nur an einzelnen prägnanten Punkten beginnt.
Durch die bei den Versuchen bewußte Vermeidung einer verstärkten Oberflächendiffusion und bei fast gleich groß in Erscheinung tretender Korngrenzendiffusion in den Pellets mit und ohne Rückgut kann durch die Zugabe von Rückgut nur die Volumendiffusion in den Rückgutpellets beeinflußt sein. Die wesentliche Größe für die Charakterisierung der Selbstdiffusionsprozesse ist der Diffusionskoeffizient.
Nach experimentellen Untersuchungen ist der Diffusionskoeffizient aus dem 2. Fickschen Gesetz zu berechnen [129] und läßt sich bei Berücksichtigung bestimmter Randbedingungen lösen. Die abgeleitete mathematische Formulierung der Zusammenhänge lautet [133]:

$$D = A \cdot e \frac{-Q}{RT}$$

R = Boltzmannsche Konstante
T = Temperatur
A = Diffusionskonstante
Q = Auflockerungsenergie

Diese Formel wird auch bei der Betrachtung der Geschwindigkeit chemischer Reaktionen gefunden. Q hat dementsprechend die Bedeutung einer Aktivierungsenergie. Auf den Diffusionsvorgang übertragen, ist das die Energie, die ein Atom erhalten muß, um einen Platzwechsel im Kristallgitter vorzunehmen.
Die Energiebeträge für die Selbstdiffusion sind meist so niedrig, daß die Diffusion nur über Zwischengitterplätze und über Leerstellen verlaufen wird. Diese Diffusion wird durch eine Fehlordnung im Realkristall ermöglicht. Die Frenkelsche Fehlordnung wird dadurch hervorgerufen, daß im Kristallinnern Leerstellen entstehen, indem Atome auf Zwischengitterplätze diffundieren; bei der Schottkyschen Fehlordnung dadurch, daß Atome zur Kristalloberfläche wandern und Leerstellen im Gitter hinterlassen. Ein Gegenstück zu diesen Modellen der Fehlordnung ist die Anti-Schottky-Fehlordnung, die in der Wirklichkeit äußerst selten auftritt, bei der Atome von der Kristalloberfläche sich auf Zwischengitterplätze im Kristallinnern begeben. Zur Diffusion der Atome – oder in Ionenkristallen der Ionen – müssen zwei Energiebeträge aufgebracht werden, einmal zur Bildung der Leerstellen und danach zur Weiterbewegung des Atoms bzw. der Leerstelle.

So wird die Gleichung:

$$G = H - TS$$

mit ihrem Enthalpie-(H) und Entropieanteil(S) in

$$G = G_B + G_W = H_B + H_W - T(S_B + S_W)$$

zerlegt [134], in der die Enthalpie und Entropie in Anteile zur Bildung (B) und Wanderung (W) aufgeteilt worden sind.
Fehlstellen können durch Kaltverformung oder Bestrahlung einem Gitter aufgezwungen werden. Neben diesen Zwangsfehlstellen bildet sich bei Temperaturerhöhung im Gitter eine gestörte, doch gesetzmäßige Fehlordnung [135]. Diese temperaturabhängige Störung eines kristallisierten Gitters kann durch Abschrecken von hohen Temperaturen im Gitterverband auch zwangsweise »eingefroren« werden. Durch die

Methode ist erreichbar, die Bildungsenergie einer Leerstelle für die Selbstdiffusion über Zwischengitterplätze und Leerstellen durch einen Aufheiz- und Abschreckvorgang in einem Kristall festzuhalten.

Diese Möglichkeit, ein Material im Gitteraufbau zu stören, wird offensichtlich beim Brennen von Rückgut ausgenutzt. Bei hohen Temperaturen entstehen im Eisenoxyd der Pellets Fehlordnungen. Theoretisch können in einem zweiatomigen Kristall Frenkelsche Gitterstörungen mit Leerstellenbildung über Zwischengitterplätze für beide Atomarten auftreten. Diejenige wird vorherrschen oder allein vorhanden sein, die die niedrigere Aktivierungsenergie benötigt [134], d. h. im Fe_2O_3-Kristall entstehen Leerstellen an Plätzen der O^{--}ionen, da Eisen die langsamer diffundierende Komponente ist [138].

Wegen der elektrischen Neutralität treten Schottkysche Fehlordnungen im allgemeinen paarweise auf [134]. Besteht jedoch die Möglichkeit, daß im Gitter dreiwertige Ionen neben zweiwertigen der gleichen Atomart vorliegen und Wertigkeitsvertauschungen untereinander eintreten können, so bilden sich auf diese Art Leerstellen in zweiatomigen Kristallen; FeO ist ein prägnantes Beispiel [135].

Ein bei hohen Temperaturen fehlgeordnetes Fe_2O_3-Gitter behält seine Störungen im Kristall nach dem Abschrecken. Als Zusatz zu ungebranntem Erz und erhitzt als Rückgutpellet ruft es eine Intensivierung der Rekristallisation hervor. Das durch Erhitzen und Abschrecken gestörte Fe_2O_3-Kristall verhält sich ähnlich wie Metalle, die durch hohe Verformungsgrade im Gitter gestört wurden. In verformten Metallen beginnt beim Erwärmen an den Stellen hoher Verformung eine Keimbildung der Rekristallisation, deren Geschwindigkeit um so höher ist, je stärker das Metall verformt wurde. Übertragen auf die Rekristallisation im Rückgutpellet wird bei hohen Störgraden spontan und an vielen Punkten eine Rekristallisationskeimbildung beginnen, verbunden mit der Bildung vieler Brücken zwischen den Erzteilchen. Das entstehende feinkörnige Gefüge der Rückgutpellets (Abb. 65) ist in der Gegenüberstellung dieser Schliffbilder mit dem grobkörnigen von Pellets ohne diesen Zusatz (Abb. 66) gut zu erkennen.

Ähnlich dem verformten und durch hohe Keimbildungsgeschwindigkeiten feinkörnig rekristallisiertem Material entsteht beim Weiterwachsen der Körner und dem Zusammentreffen mehrerer Korngrenzen durch weitere Temperatursteigerung oder längere Haltezeiten eine Grobkornbildung, die festigkeitsschwächend auf das Pellet wirkt.

Werden Erze mit verschiedenen chemischen Analysen zu Mischpellets verarbeitet, so ist neben der Verschiedenheit der Gangartmineralien der Einfluß der unterschiedlichen Störgrade und damit der Keimbildungsmöglichkeit für die Rekristallisation zu beachten. Diese Beeinflussung der Veränderung der Festigkeiten wird jedoch auch auf die verschiedenen Oxydationsgrade der Erze zurückzuführen sein.

Bei der Zugabe von vorreduziertem Rückgut übt die Oxydation des Fe_3O_4 zu Fe_2O_3 während des Brennprozesses einen großen Einfluß aus; bei Zugabe nur schwach vorreduzierten Rückgutes in Pellets überlagern sich die bekannten Oxydationsprozesse mit den oben aufgeführten Prozessen durch Fehlordnungen. So können die durch Auslagerung verfestigten ungebrannten Pellets zu hochfesten Pellets durch den Oxydationsbrennprozeß gehärtet werden. Auf diesen Bindungsmechanismus soll nicht weiter eingegangen werden, da er in der Literatur bei der Oxydation von Magnetiterzpellets zu Hämatitpellets intensiv erörtert wurde [72].

Interessant ist jedoch die auffällig hohe Festigkeit dieser Pellets, die weit über die üblichen Punktdruckfestigkeitswerte hinausgeht. Diese Steigerung ist auf die hohe Aktivität des frisch reduzierten Materials zurückzuführen, wie auch auf die höheren Reduktionsgrade, die zu intensiveren Brückenbildungen führen.

E. Zusammenfassung

Im Rahmen dieses Forschungsvorhabens wurden Versuche unternommen, zum einen feste Pellets aus schwerpelletierbaren Erzen und Konzentraten herzustellen und in der Weiterführung der Untersuchungen, die Möglichkeit zu schaffen, hochfeste Pellets zu erzeugen.

Es werden in dieser Arbeit zunächst die in der Literatur erörterten Bindungsmechanismen und Einflüsse auf die Pelletfestigkeit und ihr Verhalten sowohl im Grünzustand wie auch nach dem Trocknen und Brennen kurz dargelegt und danach die verwandten Meß- und Versuchsgeräte vorgestellt, die für die Pelletherstellung und -untersuchung zum Teil neu entwickelt werden mußten.

In den Untersuchungen zeigte es sich, daß Grünpellets durch Anstreben eines bestimmten Wassergehaltes in ihrer Festigkeit beeinflußt werden können; diese Maßnahme ließ sich durch das Austrocknen hochwasserhaltiger Pellets herbeiführen. So konnten Sydvaranger-Pellets in den Punktdruckwerten beim Erreichen von 3% Wasser von 400 g/Pellet auf 700 g gefestigt werden.

Durch Zugabe von im Innern aktiviertem Material – hergestellt durch Erhitzen von Pellets, Abschrecken und Aufmahlen bis zur Ausgangskorngröße – wurden diese Ergebnisse verschlechtert, da die Festigkeit von Grünpellets und getrockneten Pellets durch Oberflächenkräfte beeinflußt werden, die durch diese Maßnahme nicht solch hohe Werte erreichen.

Die Zugabe von auch oberflächlich aktiviertem und vorreduziertem Material ließ die Festigkeit von Pellets jedoch beim Austrocknen ansteigen. Es bestand durch die aktivierte Oberfläche die Möglichkeit, mehr Wasser in die Pellets einzulagern; bei gleichem Wassergehalt lagen die Werte für diese angereicherten Pellets jedoch höher.

Auffällig sind die Festigkeitssteigerungen, die durch das vorreduzierte Material beim weiteren Austrocknen hervorgerufen werden; so steigen die Werte bei Sydvaranger-Pellets z. B. durch Zugabe von 60% Material mit einem Reduktionsgrad von 42% bis über 20 kg/Pellets. Diese Maßnahme kann ausgenutzt werden, wenn Pellets z. B. mit dieser Festigkeit Reduktionsgeräten zugeführt werden, in denen keine hohen Ansprüche gestellt werden; so wird für Drehrohr-Reduktionsverfahren die Brennfestigkeit von 250 kg/Pellet weitaus zu hoch sein, doch Grünpellets mit üblicherweise 3 kg Pellet können noch nicht gemöllert werden. Diese durch Zusatz von vorreduziertem Material und Auslagerung gefestigten Pellets können die Anforderung in dieser Hinsicht gut erfüllen.

Da oberflächlich und im Innern aktiviertes Material sich nur in der Kristallform und dem Störungsgrad der Kristalle vom Ausgangsmaterial unterscheidet, sind diese Arbeiten auch als Grundlage für die Mischung von unterschiedlichen Erzen, die nach ihrer Genesis oftmals große Unterschiede aufweisen, zu betrachten. Es läßt sich somit voraussagen, wie weit man Pellets aus Erzen verschiedener Herkunft nach dem Verlassen des Pelletiertellers und einer Auslagerung belasten kann.

Bei diesen Untersuchungen konnte ebenfalls der festigkeitssteigernde Einfluß durch höhere Feinheitsgrade, die u. a. durch Reduktion im Fluidatbett hervorgerufen wurden, bestimmt und ausgenutzt werden.

Im Anschluß an diese Untersuchungen wurden die Pellets einem Brennhärtungsprozeß unterworfen.

Die erhebliche Abhängigkeit der Pelletfestigkeit von der Brenntemperatur wurde in Übereinstimmung mit bisher noch wenigen Angaben im Schrifttum festgestellt, wobei in auffallender Weise die optimale Temperatur in einem sehr engen Bereich für alle untersuchten Erze bei etwa 1200°C liegt. Die Brenntemperatur der größten Festigkeit ließ sich auch nicht durch verschiedene Aufmahlgrade und Haltezeiten während des Brennens verändern.

Pellets mit Zusatz von aktiviertem Material wurden mit verschiedenen Beimengungsgraden zu den Ausgangserzen ebenfalls gebrannt; es zeigte sich, daß die Pelletfestigkeit mit steigender Rückgutmenge stark zunimmt; Pellets mit bis zu 80% Rückgutbeigabe wurden untersucht. Die mit Zusatzgut erzielbaren Festigkeiten können abhängig von der Erzsorte bei 40–60% Beigabe schon um 100% höher liegen als die Festigkeit der Normalpellets.

Die Abriebfestigkeit dieser Pellets verhielt sich ähnlich der Punktdruckfestigkeit, d. h. mit bis 60% Rückgutzugabe wurde eine erhebliche Verminderung des Abriebs bis auf Werte erzielt, die für den Hochofenbetrieb als ideal angesehen werden müssen. Bei der Abriebfestigkeit zeigte sich aber, daß hier schon durch Rückgutzugaben von etwa 25% brauchbare Abriebwerte für den Hochofen erzielt werden können.

Weitere Versuche erstreckten sich auf die Verwendung von vorreduziertem Material. Derartiger Zusatz ruft in gesteigertem Maße Verfestigungseigenschaften beim Brennen von Pellets hervor. Rückgutpellets mit 20% Rückgut bei einem Vorreduktionsgrad von 35% hatten bereits Festigkeitssteigerungen aufzuweisen, die wiederum bis 100% über der des Normalpellets lagen. Die größten Festigkeiten mit diesem Rückgut ließen sich bis zu einer Festigkeitssteigerung von über 350% erreichen.

Aus Gründen der wirtschaftlichen Verwertbarkeit dieser Ergebnisse wurden Pellets untersucht, bei denen die Beimengungen mit festigkeitssteigerndem Einfluß lediglich in der äußeren Schale angereichert wurden. So entstanden Pellets, denen auf einem Pelletkern mit geringem Feinanteil eine Schale mit hohem Feinanteil aufpelletiert wurde. Diese Pellets erreichten Festigkeitswerte, die den Pellets entsprachen, die in der Gesamtheit den hohen Feinanteil enthielten.

Weiteren Pelletkernen wurden Schichten mit Erz-Rückgut-Gemischen aufpelletiert. Hierzu war es erforderlich, um ein Abplatzen der Schalen bei späterer Beanspruchung zu vermeiden, daß eine gewisse Übergangszone zwischen rückgutfreiem Pelletvolumen und der rückgutangereicherten Schale vorhanden ist. Derartige Schalenpellets verhielten sich im Festigkeits- und Abriebverhalten praktisch gleichartig wie Pellets, die in ihrem gesamten Volumen mit Rückgut angereichert sind. Der Vorteil ist, daß mit nur etwa 26% Rückgut auf die gesamte Pelletmasse bezogen, sich die gleich guten Eigenschaften erzielen ließen wie bei einem kompakten Rückgutpellet mit ca. 60% Rückgutinhalt.

Parallel zu diesen Untersuchungen wurden auch Mischerzpellets dem Brennprozeß unterworfen. Bemerkenswert sind die Ergebnisse, die zeigen, daß Zumischen geringer Mengen an schlechtpelletierbarem Material nur wenig die Festigkeitseigenschaften verschlechtert, während Pellets aus schlecht pelletierbaren Erzen durch Zumischen gut pelletierbarer in ihrer Festigkeit unter Umständen beträchtlich gesteigert werden können.

Untersuchungen an Pellets aus Reinsteisenoxyd wurden weiterhin durchgeführt, um den Einfluß auch nur geringer Gangartgehalte auszuschließen. Mit diesen Versuchen konnten die oft überraschenden Ergebnisse erklärt und die Bindungsmechanismen gedeutet werden.

F. Tabellen

Tab. 1

Chem. Analyse (Sydvarangar)
Ges. Fe: 64, Fe^{++}: 20, SiO_2: 7, MgO: 0,1, Na: 0,1, Cl: 0,1

Tab. 2 Siebanalyse Grängesberg

Korngröße (µ)	Menge (%)
>200	0,5
200–160	1,6
160–125	3,6
125–100	15,2
100– 90	14,4
90– 63	36,6
63– 45	20
<45	8,1

Tab. 3

Chem. Analyse (Grängesberg)
Ges. Fe: 63, Mn: 0,2, P: 0,7, SiO_2: 4,8, CaO: 2,0, MgO: 1,2, Al_2O_3: 2,0, k: 0,29, S: 0,2

Tab. 4

Chem. Analyse (Venezuela)
Ges. Fe: 63, Mn: 0,05, P: 0,15, SiO_2: 1,25, CaO: 0,6, MgO: 0,2, Al_2O_3: 1,0

Tab. 5 Siebanalysen – Sydvaranger reduziert und Behandlung mit N_2

Reduktionszeit		1 h	2 h	3 h	4 h
Reduktionsgrad	unreduziert	26%	42%	66%	0% N_2-Behandlung
KG	Menge in %	Menge in %	Menge in %	Menge in %	Menge in %
>200	1,0	0,3	2,2	0,8	0,5
200–160	3,0	2,2	6,4	2,6	3,2
160–125	5,0	3,4	7,4	4,5	3,7
125–100	12,0	4,4	7,9	5,6	10,2
100– 90	15,0	6	6,7	6,9	14,3
90– 63	40,0	17,6	19,5	2,0	43,0
63– 45	20,0	25	15,3	19,2	21,0
<45	4,0	40,7	35,5	40,0	4,1

Tab. 6 Siebanalysen – Grängesberg reduziert und Behandlung mit N_2

Reduktionszeit	2 h	4 h	6 h	4 h
Reduktionsgrad	30%	40%	60%	0% N_2-Behandlung
KG	Menge in %	Menge in %	Menge in %	Menge in %
>200	0,1	0,15	0,1	0,5
200–160	1,6	1,55	1,5	2,0
160–125	3,1	3,3	3,0	3,5
125–100	5,8	9,2	4,2	12,7
100– 90	8,4	14,1	7,2	14,0
90– 63	27,4	40,0	45,6	35,0
63– 45	34	16,7	19,2	22,0
<45	19	15	20,1	10,3

Tab. 7 Festigkeit großtechnisch hergestellter Pellets

	Marcona pelletierfein	Sydvaranger pelletierfein	Iron Prince pelletierfein
Druckfestigkeit	300–400	200–300	400–500
ASTM-Tumbling-Test	3,5–4,5	4–8	3,0–5,5

Tab. 8 Chem. Analyse und Zusätze der Erze

%	Marcona	Sydvaranger	Iron Prince	Sierra-Leone
Ges. Fe	69,0	64–65	68,4	65,1
Fe^{++}	13,8	20–21	–	–
SiO_2	0,8–1,5	7–8	0,4	5,1
CaO	0,1	0,1	Spuren	
MgO	0,1	0,1–0,2	Spuren	
Na	ca. 0,1–0,15	0,1–0,15	–	
Cl	ca. 0,1–0,2	0,1–0,2	–	
Al_2O_3	–			0,8
TiO_2	–			0,11
Glühverl.	–		0,6	
Bindemittelzusatz				
Bentonit	0,7	–	0,5	–

Tab. 9 Körnungsband der Erze

mm	Marcona	Sydvaranger	Iron Prince	Sierra-Leone original	Sierra-Leone aufgem.
+ 0,2	0,5	1,2	0	41,9	0,7
+ 0,09	12,0	11,3	2,4	39,1	14,5
+ 0,06	17,5	16,5	8,1	16,8	15,0
+ 0,04	2,5	6,5	16,8	0,5	7,5
— 0,04	67,5	64,5	62,8	1,7	62,3

Tab. 10 Chem. Analyse des Labradorkonzentrats

	in %
Fe	63,8
FeO	1,24
Fe_2O_3	89,8
Fe_{met}	0,04
MnO	0,24
CaO	0,15
MgO	0,50
Al_2O_3	1,69
SiO_2	3,56
P	0,04
S	0,085

Tab. 11 Körnungsanalyse im Anlieferungszustand

Maschenweite	Anteil in %
+ 0,30 mm	1
+ 0,15 mm	15
+ 0,09 mm	18
+ 0,06 mm	28
+ 0,05 mm	18
— 0,05 mm	20

Tab. 12 Chem. Analyse und Körnungsband des chem. reinen Fe_2O_3

Chem. Analyse	Anteil in %
Fe_2O_3	ca. 99,9
Kalzium (Ca)	ca. 0,02
Kupfer (Cu)	ca. 0,02
Mangan (Mn)	ca. 0,1
Kieselsäure (SiO_2)	ca. 0,05
Phosphat (PO_4)	ca. 0,005
Sulfat (SO_4)	ca. 0,005
Arsen (As)	ca. 0,0005
Glühverlust	ca. 0,3

Körnungsband	in %
0,075 mm	ca. 3
0,06–0,075 mm	ca. 10
0,04–0,06 mm	ca. 20
0,04 mm	ca. 67

Gedankt sei an dieser Stelle den Diplomkandidaten

Samir Kumar Sengupta
Vishwa Nath Gupta
Johannes Moeljono
und Klaus Goik

für ihre Mitarbeit und Herrn Dr.-Ing. Willy-Günther Burchard, Gemeinschaftslaboratorium für Elektronenmikroskopie der TH Aachen, für die Herstellung der elektronenmikroskopischen Aufnahmen.

G. Literaturverzeichnis

[1] Ries, H. B., »Grundlagen der Granulationstechnik«, Ind. Anzeiger 83 (1961), Nr. 21, S. 333–336.

[2] John, W., und K. Meyer, »Brikettieren, Tablettieren, Sintern, Granulieren, Pelletisieren«, Fortschritte in der Verfahrenstechnik 1952/53, S. 311–322.

[3] Goldstick, T. K., »A Survey of the Literature Pertinent to Iron Ore Pelletizing«, Agglomeration 1962, Kap. 36, S. 1067–1109.

[4] Sharov, S. I., S. V. Bazilevich, E. F. Begman, B. L. Lazarer und L. D. Paderin, »Investigation of the produktion and propertiers of magnetite concentrate pellets«, Stal in Engl., July 1959, S. 487–491.

[5] Meyer, K., »Stand der Entwicklung der Pelletisierung von Eisenerzen«, Stahl u. Eisen 82 (1962), H. 3, S. 147–154.

[6] Hower, E. N., und I. A. Anthes, »Recent Developments Sintering and Pelletizing«, Iron and Steel Eng., Feb. 1956, S. 60–67.

[7] Balster, H. W., »Amerikanische Erfahrungen mit Erzpellets im Hochofen«, Berg- und Hüttenm. Mh. 106 (1961), Nr. 11, S. 387–397.

[8] Korotič, V. I., »Die Schüttbewegung in einer rotierenden Trommel«, Stal in Deutsch, H. 2, 1962, S. 112–119.

[9] Bazilevich, S. V., »Operation of a disc pelletizer«, Stal in Engl., August 1960, S. 551 bis 557.

[10] De Vaney, F. D., »Pelletizing in a Shaft-Furnace«, Journal of Metals, Feb. 1958, S. 125–128.

[11] Savioli, F., und C. Mellere, »Pelletizing of Hematite Ores from Elba«, Steel 102, S. 54–58.

[12] Kaiser's Eagle Mountain pelletizing plant, Min. Engeneering 16, Aug. 1964, S. 44–49.

[13] Stirling, H. T., »Advances in Balling and Pelletizing«, Agglomeration 1961, S. 177–200.

[14] Cavanagh, P. E., »Pelletizing by Extrusion of Iron-bearing Fines«, Proc. Blast, Furn, 1958, S. 54–79.

[15] Rausch, H., »Pelletisieren feinkörniger Eisenerze«, Ing. Techn. 36 (1964), Nr. 10, S. 1011–1019.

[16] Firth, C. V., Agglomeration of fine Iron Ore, Proc. Aime Blast Furnace 4, 46 (1944), S. 46–69.

[17] Tigerschiöld, M., und P. A. Ilmoni, »Fundamental Vactors Influencing the Strength of Green and Burned Pellets made from fine Magenetite-Ore concentrates«, Aime prepint, Blast Furnace, April 1950, S. 18–53.

[18] Bhrany, U. N., R. T. Johnson, T. L. Myron und E. A. Pelczarski, »Kinetik des Granulierens«, Aufbereitungstechnik Nr. 5 (1963), S. 199–206.

[19] Morton, R. I., »Testing of Iron-Ores and Agglomerates Related to Blast Furnace Use«, Proc. Aime Blast Furnace 10 (1951), S. 122.

[20] Newitt, D. M., und I. M. Convay-Jones, »A Contribution to the Theory and Practice of Granulation«, Trans. Inst. Chem. Engrs. 36 (1958), S. 422.

[21] Rumpf, H., »The Strength of Granules and Agglomerates«, Agglomeration (1961), S. 379–417.

[22] Smrcek, K., R. J. und J. Kandl, Bergakademie (1961), 9, S. 581–583.

[23] v. Struve, G., »Grundlegende Betrachtung über das Pelletisieren«, Chemie Ing. Techn. 36 (1964), Nr. 10, S. 1019–1027.

[24] Klatt, H., »Pelletisieren von Feinsterzen und deren Sinterung im Gas-Öl-Schachtofen«, Aufbereitungstechnik Nr. 3 (1963), S. 129–136.

[25] Cap, M., und I. Cibulka, »Pelletisierung und Sinterung von Feinsteisenspatkonzentraten«, Freiberger Forsch.-H. Reihe A, Nr. 195 (1961), S. 20–25.

[26] Send, A., »Technischer Stand der Eisenerzpelletisierung in Nordamerika«, Stahl u. Eisen 83 (1963), Nr. 16, S. 972–978.

[27] Watanabe, S., und Y. Otake, »Thermal expansion, softening and degradation of ores, sinters and pellets«, Tetsu to Hagane Overseas 5 (3), Sept. 1965, S. 220–223.

[28] Melcher, N. B., »Verhüttung von vorreduzierten Pellets im Versuchsofen des Bureau of Mines«, Stahl u. Eisen 83 (1963), Nr. 24, S. 1573–1574.

[29] Bazilevich, S. V., und B. L. Lazarev, »Production of Nodules from the charge contraining pyrite cinders«, Metallurgist No. 6 (1958), C. B. translation, S. 49–51.

[30] Mamen, C., »From taconite to pellets at the Adams mine«, Canad. Min. I. 86, May 1965, S. 65–71.

[31] Heynert, G., W. Zischkale und I. Willems, »Austausch von Sinter gegen Pellets bei voll vorbereitetem Möller«, Stahl u. Eisen 82 (1962), Nr. 23, S. 1641–1647.

[32] Puhlmann, P., »Planung einer Umschlags- und Pelletanlage als Gemeinschaftsvorhaben europäischer Hüttenwerke«, Stahl u. Eisen 85 (1965), Nr. 22, S. 1361–1371.

[33] Petersen, U., und A. Send, »Betriebsversuche zur Leistungssteigerung des Hochofens durch Einsatz von Pellets«, Stahl und Eisen 83 (1963), H. 23, S. 1397–1407.

[34] Send, A., »Neuere Entwicklung der Hochofentechnik in Amerika«, Stahl u. Eisen 83 (1963), H. 17, S. 1051–1058.

[35] Olt, T. F., »Blast-Furnace performance using iron ore pellets«, J. Iron Steel Inst., Feb. 1962, S. 87–95.

[36] Graff, H. M., und S. C. Bouwer, »Exonomics of Raw Materials Preparation for the Blast Furnace«, J. Metals (1965), April, S. 389–394.

[37] Meyer, K., »Einfluß von Eisenerzpellets auf den Hochofen-Betrieb«, Stahl u. Eisen 79 (1959) Nr. 4, S. 222–225.

[38] Astier, I., »Pelletizing«, Irsed Prague, Nov. 11/25 (1963), S. 11–19.

[39] Bann, T. E., und E. I. Erck, »Laboratory Procedures for Determining Pelletizing Characteristics of Iron Ore Concentrates«, Trans. Aime. Min. Engineering, Aug. 1953, S. 803–811.

[40] Marshall, W. E., »Taconite Pellets in the Blast Furnace«, J. Metals, April 1961, S. 308–313.

[41] Rovenski, I. I., und N. N. Bereznoj, »Bandanlage zum Rösten selbstgehender Eisenerzpellets«, Stal in Deutsch, 1962, H. 9, S. 819–823.

[42] Anna, H., »Über das Verhalten von Erzpellets während des Brennprozesses im Rostvorwärmer-Drehrohrofen«, Aufbereitungstechnik Nr. 9 (1963), S. 363–380.

[43] »Iron Ore Reduction studied with Grate-Kiln System«, Steel, December 19 (1960), S. 115–117.

[44] Phelps, D. D., und I. A. Anthes, »Improvements in the Grate Pelletizing Prozess«, Proc. Blast Furn. metallurg. petrol. 21 (1962), S. 317–345.

[45] v. Struve, G., »Die Pelletisierung – ein erfolgreiches Agglomerierverfahren für Eisenerze«, Klepzig Fachberichte, Nov. 1963, S. 401–405.

[46] Berkhahn, R. W., und D. M. Urich, »Grate-Kiln Pelletizing of Iron Concentrates«, J. Metals, April 1962, S. 303–305.

[47] Meyer, K. I., und H. Rausch, »The Lurgi Pelletizing Prozess a combined Updraft-Downdraft Technique«, J. Metals, Feb. 1958, S. 129–133.

[48] English, A., und M. F. Morgan, »Downdraft Taconite Pellet Hardening«, J. Metals, Feb. 1958, S. 122–124.

[49] Violetta, D. C., »Updraft Pelletizing of Specular Hematite Concentrates«, J. Metals, Feb. 1958, S. 118–120.

[50] Rovenski, I. I., »Firing Pellets on a grate«, Stal 5, May 1958, in Engl., S. 332–335.

[51] Khoklov, D. G., »Production of fluxed pellets from fine concentrates«, Stal in Engl. 8, August 1960, S. 553–557.

[52] Westwater, I. S., »Pelletizing by the Grate-Kiln Method at Humboldt«, Blast Furn. Steel Plant, June 1961, S. 513–518 und S. 530.

[53] From pyrite: iron oxide pellets and sulphurieacid, J. Metals 16, Nov. 1964, S. 866.

[54] KHOKLOV, D. G., und L. S. BESPROZVANNYKH, »Investigation of a process for the production of pellets from finely ground manganese concentrates«, Stal in Engl. 6 (1964), S. 430–432.

[55] SCHWARTZ, G. M., »Iron-Ore Sinter«, Trans. A.I.M.E. 1929 (84), S. 39–67.

[56] BRAGARD, A., H. BONNORES, V. LEROY und H. HANCART, »Untersuchung der Einflußgrößen auf die Sinterung zweier Hämatiterze«, Centre National de Recherches Metallurgiques, Nr. 5 (1965), S. 3–23.

[57] HAY, R., und I. MCLEOD, »Some Aspects of Sintering Iron Ores«, Iron and Steel 17, Feb. (1944), S. 250–253.

[58] Ford Motor and Ogle bay Norton annonce jonit venture in pellet plant, Iron Steel Engl. 41, June 1964, S. 162.

[59] Hanna Mine Co., »Pelletizing Plant gives new Lease on Life Menominee Range Iron Ore«, Blast Furn. Steel Plant 52, Nr. (1964), S. 1031–1035.

[60] HARRISON, H. S., »Empire's pellet plant triggers come back for Michigan's Upper Pen insula iron operations«, Iron Steel Engl. 41, June 1964, S. 179/180.

[61] First Pelletizing Plant for India, Steel Times 190, Nr. 5038 (1965), S. 205.

[62] US – Australian – Japanese iron-ore project, Steel Times 192, Jan. 14 (1966), S. 54/55.

[63] GMELIN, J., und R. DURRER, »Pelletisieren«, Metallurgie des Eisens, S. 504a–560a und 160b–172b.

[64] URICH, D. M., und TSU-MING HAN, »A Progress Report on the Effect of Grind, Temperature and Pellet Size upon the Quality of Specular Hematite Pellets«, Agglomeration, April 12–14 (1961), S. 667–719.

[65] BANKS, G. N., R. A. CAMPELL und E. G. VIENS, »Iron Ore Pelletizing«, The Canadian Mining and Metallurgical, December 1962, S. 853–858.

[66] WAHLSTER, M., »Zur Metallurgie der Reduktionsverfahren im Drehrohrofen – Untersuchungen über die Reduzierbarkeit von Erzpellets«, Techn. Mitt. Krupp 19 (1961), S. 1–16.

[67] HUEBLER, I., »Gas Reactions play Key Role in Iron-Pellet Reduction«, The Iron Age 186 (1960), Nr. 22, S. 104–106.

[68] v. BOGDANDY, L., H. P. SCHULZ, I. N. STRANSKI und B. WÜRZNER, »Über den Reduktionsmechanismus von Eisenoxiden«, Berichte der Bunsengesellschaft, 22. 7. 1963, S. 958–964.

[69] SMITH, N. D., und W. M. MCKEWAN, »Reduction Kinetics for porous Hematite Pellets with Mixtures Carbon Monoxide and Hydrogen«, Proc. Blast Furn. Metallurg. petrol Engl. 21 (1962), S. 3–13.

[70] RECKMANN, A., und W. MISCH, »Verhüttungsversuche mit Schwedenerz-Pellets«, Stahl u. Eisen 78 (1958), Nr. 1, S. 21–27.

[71] FITTON, J. T., und D. C. GOLDRING, »Constitution of iron ore Pellets in relation to time and temperature of firing«, J. Iron Steel Inst. 204, May 1966, S. 452–459.

[72] TIGERSCHIÖLD, M., »Aspects on Pelletizing of Orin Ore Concentrates«, J. Iron Steel Inst., May 1954, S. 13–24.

[73] COOKE, S. R. B., und T. E. BAN, »Microstructure in Iron Ore Pellets«, Trans. Aime Mining Engineering, Nov. 1952, S. 1053–1058.

[74] SENGFELDER, G., »Neue Ergebnisse mit der Pelletisierung von Eisenerz-Konzentraten«, Stahl u. Eisen 72 (1952), Nr. 25, S. 1577–1579.

[75] Pellets ward Off re-oxidation, Iron age 196, Dec. 9 (1965), S. 96/97.

[76] Stahleisenkalender 1967, S. 169.

[77] COOKE, S. R. B., und F. STOWASSER, »The Effect of Heat Treatment and Certain Additives of the Strength of Fired Magnetite Pellets«, Trans. Aime Mining Engineering, Dec. 1952, S. 1223–1230.

[78] KOLESANOV, F. F., und E. G. GAVRIN, »Erzvorbereitung und Roheisenerzeugung«, Stal in Deutsch 1962, H. 10, S. 912–915.

[79] POCHWISSNEW, A. N., und B. A. SSAWELIEV, »On the Mechanism of Hardening of Iron Ore Pellets«, Stal 18 (1958), Nr. 2, S. 105–109, Brutcher Translation 4161.

[80] Ridgion, D. M., und I. M. Convay-Jones, »The Development of a Pelletizing Process for Fine Iron Ores«, J. Iron Steel Inst., May 1954, S. 43/61.
[81] Joseph, I. L., »Pelletizing of Iron Ore Concentrates«, Blast Furn. Steel Plant, Jun. 1955, Teil I und II, S. 641–646 und 745–752.
[82] Kunii, K., R. Nishida und Y. Kamada, »Effect of induvation conditions on the quality of various iron ore pellets«, Tetsu to Hagane Overseas 5, Sep. 1965, S. 216–230.
[83] Davison, I., R. E. Thompson und W. Welch, »Pelletizing relatively coarse iron-ores«, J. Iron Steel Inst. (204), 1966, S. 443–451.
[84] Innes, I. A., »Metallized Pellets from Ore-Coke Mixtures«, J. Metals 15 (1963), Nr. 4, S. 294–297.
[85] Miller, W. I., L. I. Leontew und W. A. Utkow, »Herstellung von metallisierten Pellets aus feingemahlenen Konzentraten«, Stal in Deutsch 1961, HG., S. 534–537.
[86] Meyer, K., »Entwicklung der Pelletisierung von Eisenerzen und Herstellung von Mischerzpellets«, Stahl u. Eisen 83 (1963), H. 22, S. 1337–1345.
[87] v. Bogdandy, L., und R. Schmolke, »Herstellen von Feinstagglomeraten und Verhalten im Hochofen«, Stahl u. Eisen 77 (1957), Nr. 11, S. 685–693.
[88] Bojarski, Z., E. Barszcz und S. Zielinski, »Structure and Properties of Siderite Concentrate Pellets«, J. Iron Steel Inst., Aug. 1965, S. 792–797.
[89] Nakamura, N., und Y. Sato, »Studies of Sintering Mechanism of Iron Ore Pellets«, Tetsu to Hagane 43, Nr. 6 (1957), S. 619–623 (eigene Übersetzung).
[90] v. Struve, G., »Zur Frage der Pelletisierung von Eisenerzen und anderen eisenhaltigen Rohstoffen«, Freiberger Forschungshefte, 1958, B. 25, S. 38–52.
[91] Patent der Metallgesellschaft Frankfurt, »Verfahren und Vorrichtung zur Nachbehandlung hartgebrannter Pellets«, 1961, Auslegeschrift 1133559.
[92] Batel, W., Chem. Ing. Techn. 33 (1961), Nr. 8, S. 541–547.
[93] Tarjan, G., Aufbereitungstechnik 1, 1966, S. 28–32.
[94] Wenzel, W., und R. Ebert, Neue Hütte (1961), 7, S. 440/441.
[95] Schneider, K., Chem. Ing. Techn. 37.
[96] Krischer, O., Grundlagen der Trocknungstechnik.
[97] Evans, U. R., Einführung in die Korrosion der Metalle, Verlag Chemie, Weinheim (1965).
[98] Hauffe, K., »Reaktionen in und an festen Stoffen«, Springer, Berlin–Heidelberg–New York (1966).
[99] Evans, U. R., »Corrosion and Oxidation of Metals; Scientific Principles and Practical Applications« (1960).
[100] Kubaschewski, O., B. E. Hopkins, »Oxydation of Metals and Alloys«, Butterworth, London (1962).
[101] Winterbottom, A. B., J. Iron Steel Inst. 165 (1950), 9/22.
[102] Spellner, F., »Corrosion, Causes and Prevention«, hc Graw Mill (1951).
[103] Sauerwald, F., »Physikalische Chemie der metallurgischen Reaktionen«, Springer Verlag, Berlin (1930), S. 115.
[104] Hütte, Taschenbuch für Eisenhüttenleute, Verlag W. Ernst, Essen (1961), S. 93.
[105] Hollemann, A. F., und E. Wiberg, »Lehrbuch der anorganischen Chemie«, Verlag W. Gruyter, Berlin (1958), S. 536.
[106] Hoffmann, U., und W. Rüdorff, »Anorganische Chemie«, Verlag Vieweg, Braunschweig (1956), S. 699.
[107] Glemser, O., und F. Gwinner, »Über eine neue ferromagnetische Modifikation des Eisen-III-Oxids«, Z. Anorg. Chemie 240 (1939), S. 161.
[108] Hedvall, »Über die Farbe der Eisenoxide«, Chem. Labor (1922), S. 217–224.
[109] Ewald, P. P., und C. Hermann, »Strukturbericht«, Zeitschrift kristallographischer Ergänzungsband, Akad. Verlagsgesellschaft Leipzig (1931), S. 240–242.
[110] Salmang, H., »Die physikalischen und chem. Grundlagen der Keramik«, Springer Verlag (1954), S. 202–207.
[111] Bogan, L. C., und H. K. Worner, »Structure and Bonding Mechanismus in Sinters made from Fine Grained Australian Hematites«, Agglomeration (1961), S. 914.

[112] Tammann, G., »Lehrbuch der Metallographie«, Verlag L. Voß, Leipzig, 3. Auflage (1923), S. 98–118.
[113] Hauffe, K., »Über den Mechanismus der Spinellbildung – Reaktionen in und an festen Körpern«, Springer Verlag (1955), S. 583.
[114] Kieffer, R., und W. Hotop, »Sintereisen und Sinterstahl«, Springer Verlag, Wien (1948), S. 157.
[115] Schwarzkopf, P., »Powder Metallurgy«, The Macmillan Company (1947), S. 280/281 und S. 359, 302.
[116] Hüttig, G. F., »Die theoretischen Grundlagen der Frittungsvorgänge innerhalb von Pulvern«, Arch. Metallkunde 2 (1948), S. 93.
[117] Hedvall, J. A., »Einführung in die Festkörperchemie«, Verlag Vieweg, Braunschweig (1952), S. 241–244.
[118] Kuscinski, G. C., »Measurement of Self-Diffusion of Silver without Radioactive Tracers«, J. Appl. Phys. 21 (1950), S. 632–635.
[119] Kuscinski, G. C., »The Mechanismus of Densification During Sintering of Metallie Particles«, Acta Met. 4 (1956), S. 58.
[120] Kuscinski, G. C., »Study of Sintering of Glas«, J. Appl. Phys. 20 (1949), S. 1160.
[121] Alexander, B. H., und R. W. Baluffi, »The Mechanism of Sintering Copper«, Acta Met. (1957), S. 666–677.
[122] Alexander, B. H., und R. W. Baluffi, »Experiments of the Mechanism of Sintering«, J. Metals, Okt. (1950), S. 1219.
[123] Herring, C., »Diffusional Viscosity of a Polycristalline Solid«, J. Appl. Phys. 21 (1950), S. 437–445.
[124] Herring, C., »Effect of Change of Scale of Sintering Phenomena«, J. Appl. Phys. (1950), v 21, S. 301–303.
[125] Kieffer, R., und W. Hotop, »Pulvermetallurgie und Sinterwerkstoffe«. Springer Verlag (1948), S. 99.
[126] Sauerwald, F., und L. Holub, »Kristallisation zwischen möglichst weitgehend im Strukturgleichgewicht befindlichen Oberflächen«, Z. Elektrochemie (1933), S. 750–753.
[127] Sauerwald, F., und E. Jaenichen, »Über die Festigkeit und Dichte synthetischer Metallkörper und die Adhäsionskräfte zwischen metallischen Oberflächen«, Z. Elektrochemie (1924), S. 175–180.
[128] Sauerwald, F., »Über die wesentlichen Faktoren bei der Kaltbearbeitung und Rekristallisation nach Versuchen an metallischen Körpern aus pulverförmigem Material«, Z. Elektrochemie (1923), S. 80.
[129] Ohmann, H., »Allgemeine und praktische Metallkunde«, Fachbuchverlag Leipzig (1955), S. 83 und 135.
[130] Beyer, E., »Einfluß der Gestalt und Porigkeit kleiner Eisenteilchen auf Verpreßbarkeit und technologische Eigenschaften der daraus hergestellten Sinterteile«, Diss., TH Aachen (1965), S. 28.
[131] Hedvall, I. A., »Über die physikalisch-chemischen Prozesse beim Zusammenwachsen von ungeschmolzenen Pulvern«, Zeitschrift für physikalische Chemie (1926), S. 59.
[132] Brandenberger, E., »Grundriß der allgemeinen Metallkunde«, E. Reinhardt Verlag (1952), München, S. 68.
[133] Seith, W., »Diffusion in Metallen«, Springer Verlag (1955), S. 4–9.
[134] Seeger, W., »Theorie der Gitterfehlstellen«, in: Flügge, »Handbuch der Physik«, Springer Verlag (1955), S. 384–431.
[135] Ulrich, H., und W. Jost, »Kurzes Handbuch der physikalischen Chemie«, Steinkopf Verlag (1956), S. 49 und 209.

H. Anhang

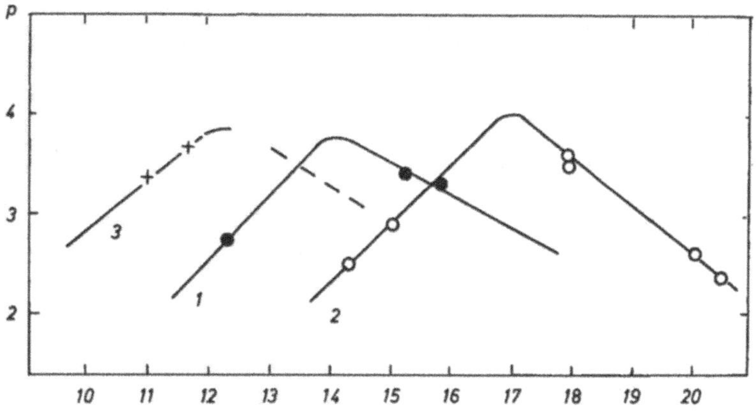

Abb. 1 Einfluß des Wassergehaltes auf die Punktdruckfestigkeit von Grünpellets

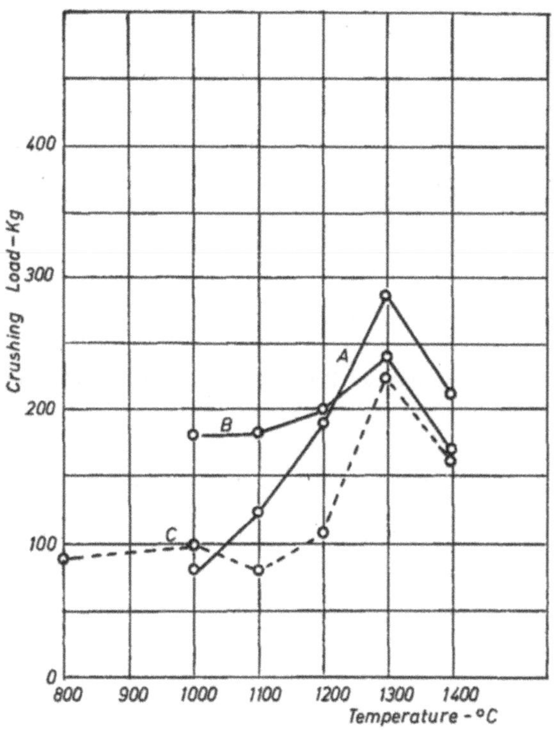

Abb. 2 Temperaturkurven
Einfluß der Brenntemperatur auf die Punktdruckfestigkeit von Pellets

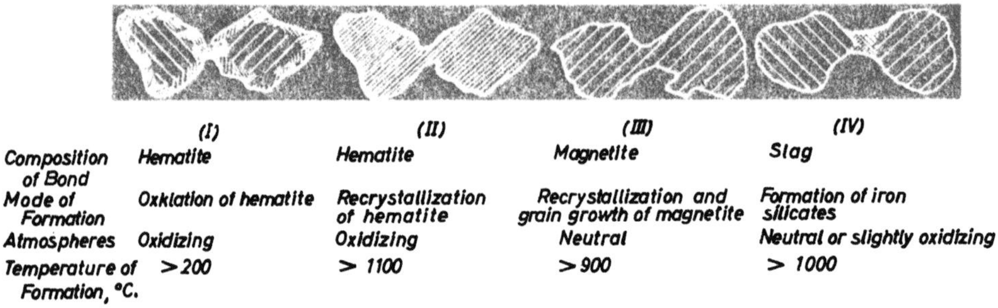

Abb. 3 Bindungsarten einzelner Körner

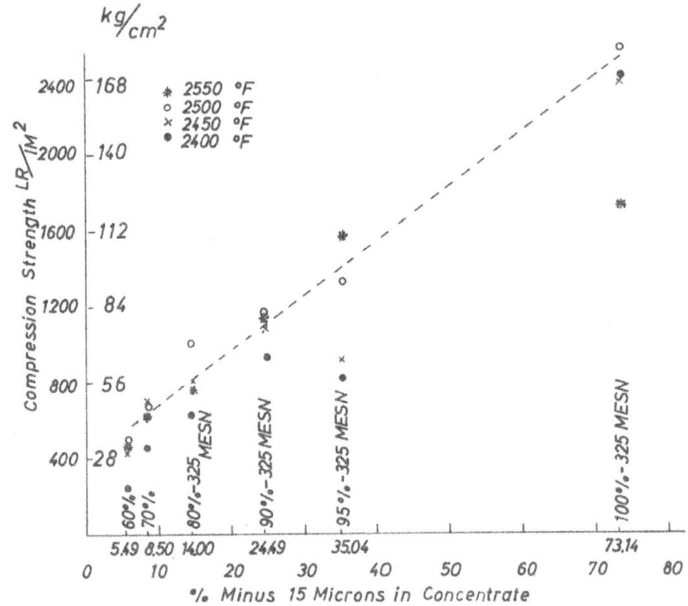

Abb. 4 Einfluß des Aufmahlgrades des Pelletiererzes auf die Druckfestigkeit

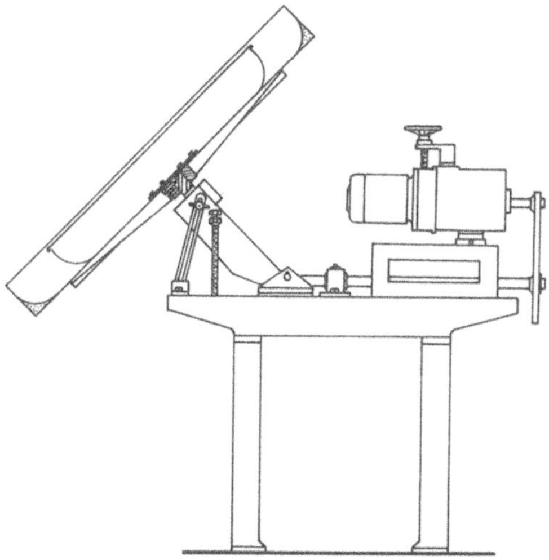

Abb. 5 Doppel-Pelletierteller

Abb. 6 Pelletbrennofen im Institut für Eisenhüttenwesen mit eingefahrenem Brenntischwagen

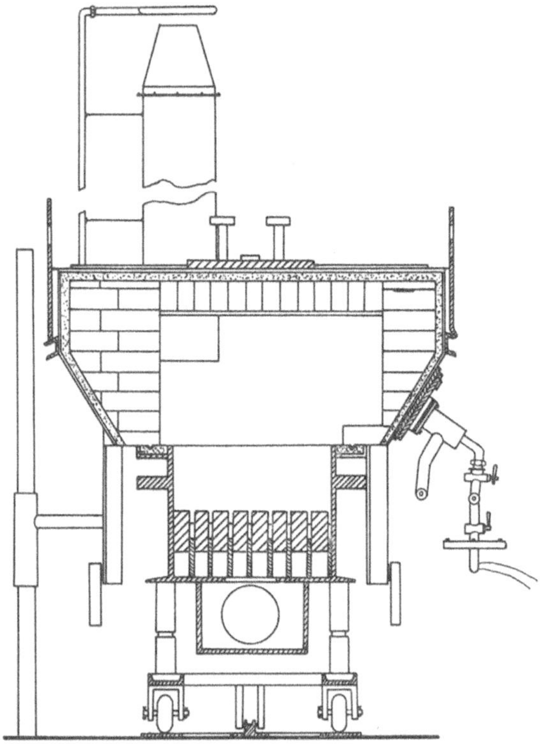

Abb. 7 Schnitt durch den Brennofen

Abb. 8 Verschiedene Pelletsorten im Brenntischwagen

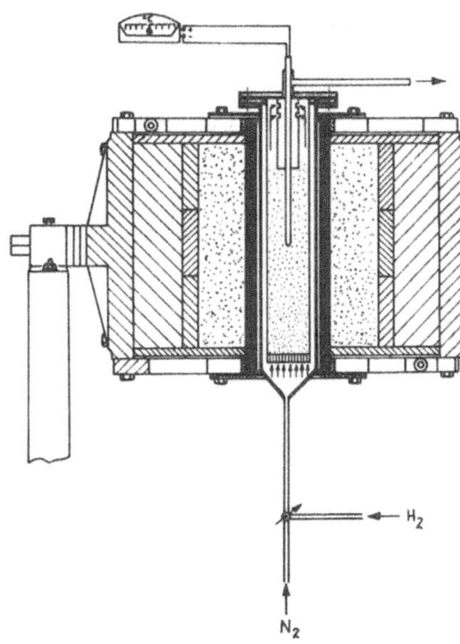

Abb. 9 Fluidatbettreduktionsgerät

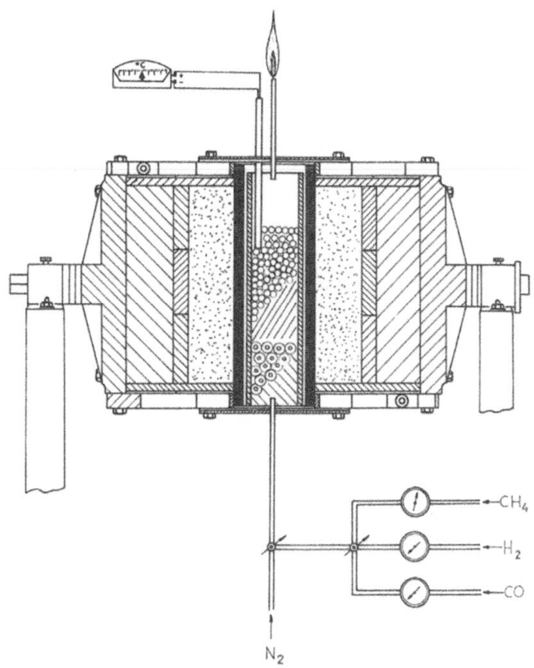

Abb. 10 Reduktionsofen zur Rückguterzeugung

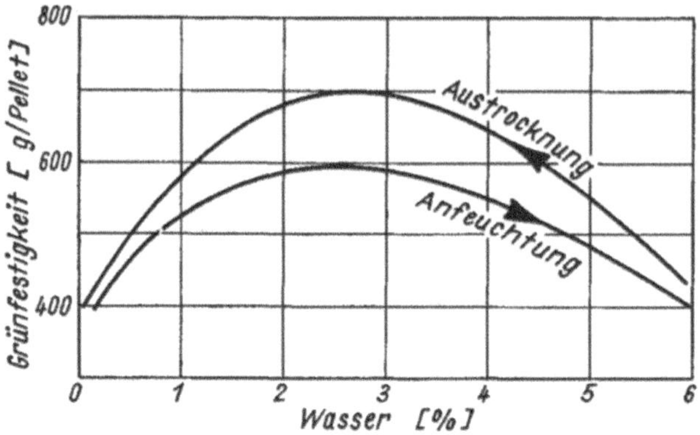

Abb. 11 Einfluß des Wassergehaltes auf die Festigkeit von Sydvaranger-Pellets

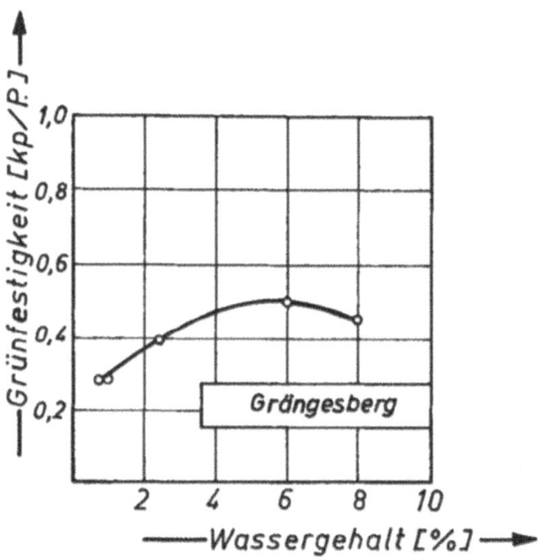

Abb. 12 Einfluß des Wassergehaltes auf die Festigkeit von Grängesberg-Pellets

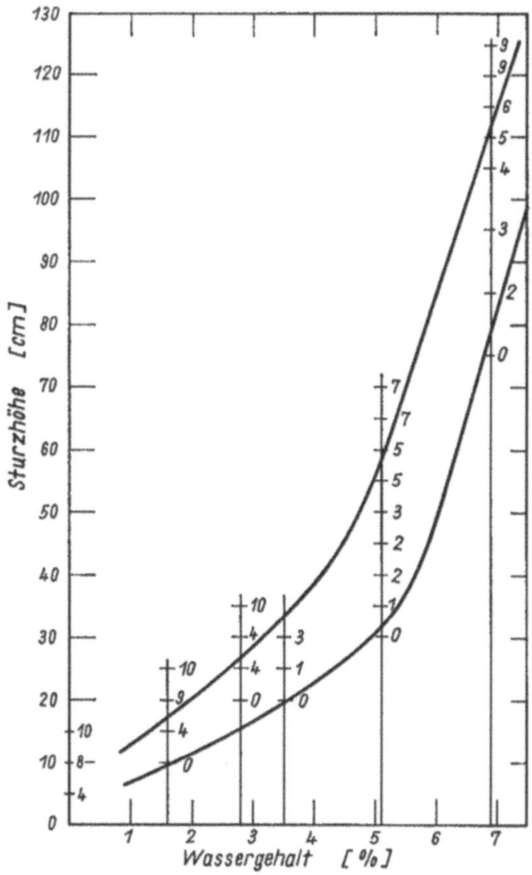

Abb. 13 Einfluß des Wassergehaltes auf die Fallfestigkeit von Sydvaranger-Pellets

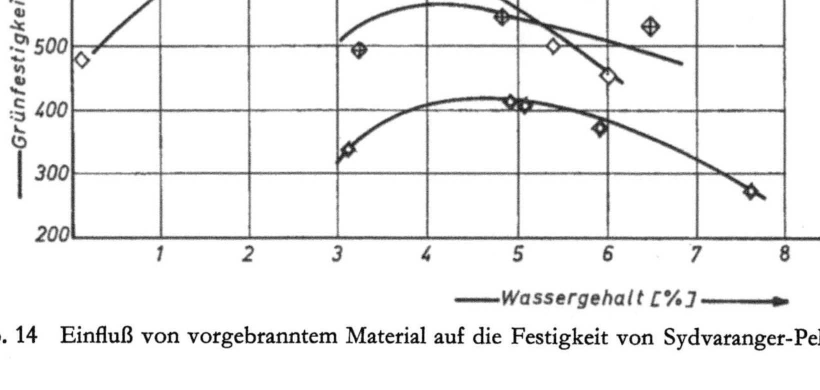

Abb. 14 Einfluß von vorgebranntem Material auf die Festigkeit von Sydvaranger-Pellets

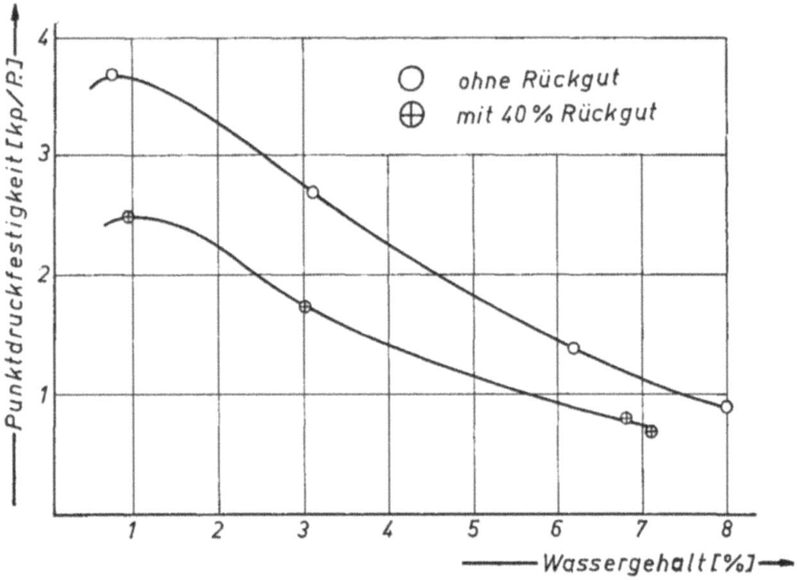

Abb. 15 Einfluß von vorgebranntem Material auf die Festigkeit von Venezuela-Pellets

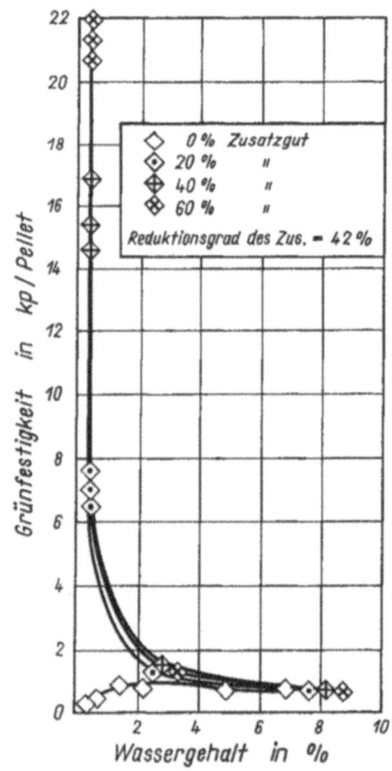

Abb. 16 Einfluß von im Fluidatbett vorreduziertem Material auf die Festigkeit von Sydvaranger-Pellets

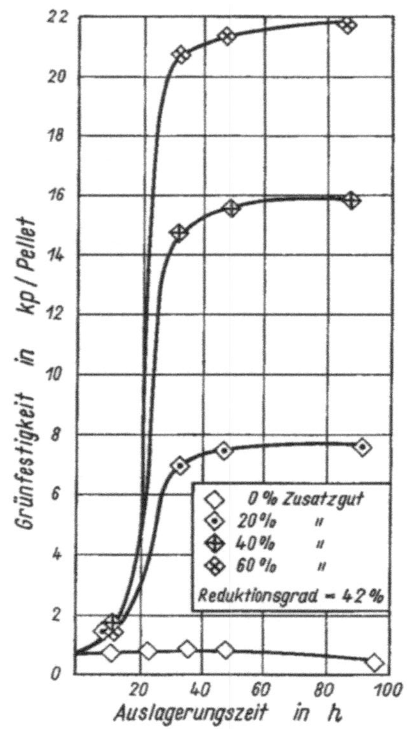

Abb. 17 Einfluß der Auslagerungszeit auf die Festigkeit von Sydvaranger-Pellets mit Zusätzen von im Fluidatbett vorreduziertem Material

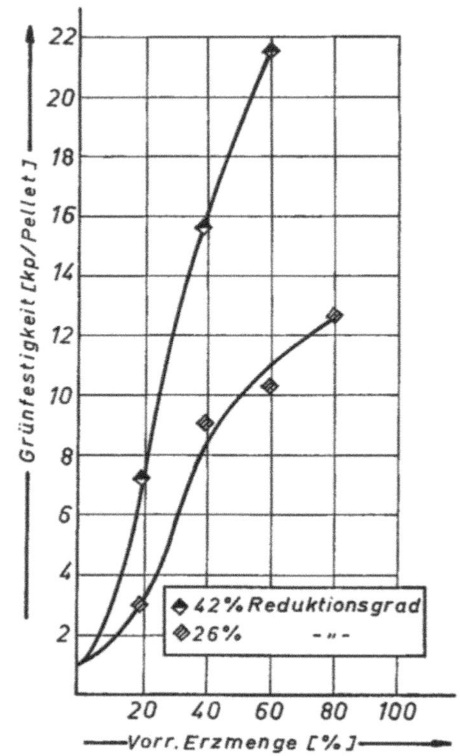

Abb. 18 Einfluß der Menge an zugegebenem vorreduziertem Material auf die Festigkeit von Sydvaranger-Pellets

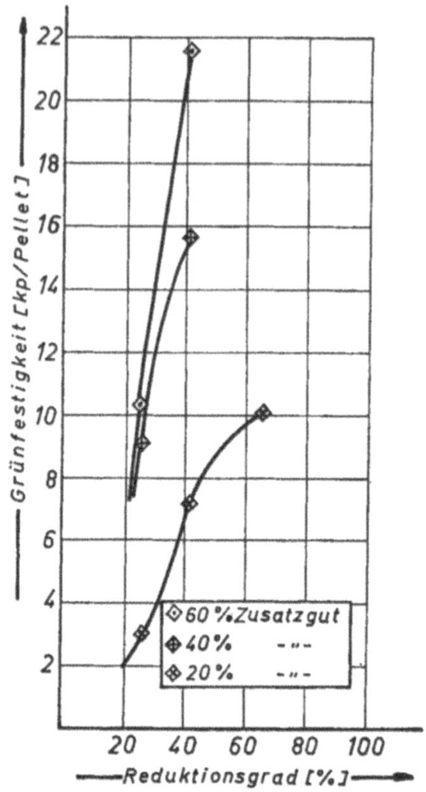

Abb. 19 Einfluß des Reduktionsgrades an zugegebenem vorreduziertem Material auf die Festigkeit von Sydvaranger-Pellets

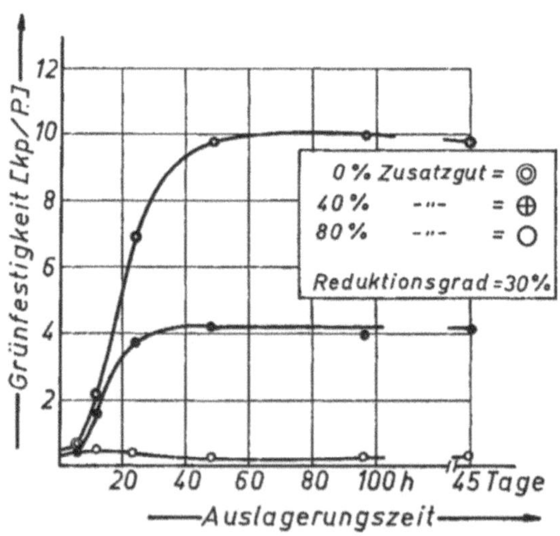

Abb. 20 Einfluß der Auslagerungszeit auf die Festigkeit von Grängesberg-Pellets mit Zusatz von vorreduziertem Material

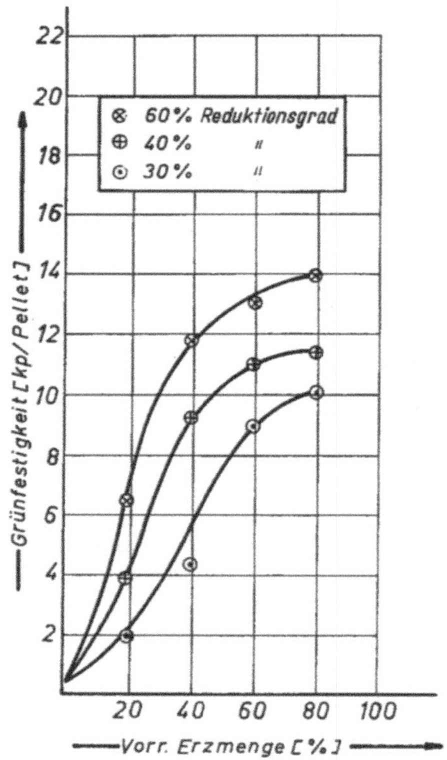

Abb. 21 Einfluß der Zugabemenge bei Grängesberg-Pellets

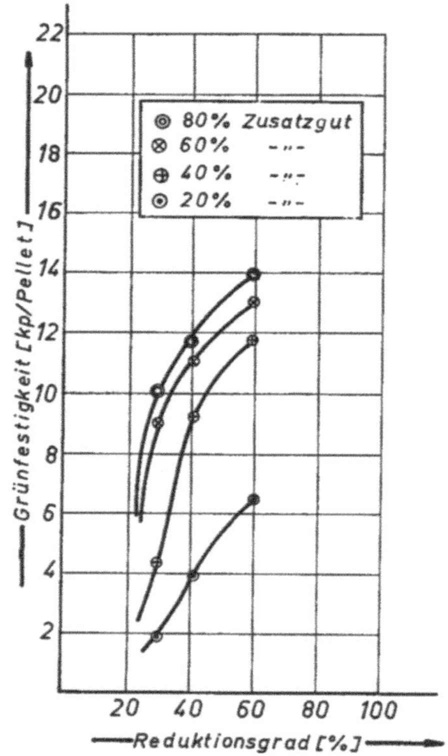

Abb. 22 Einfluß des Reduktionsgrades des im Fluidatbett vorreduzierten Materials auf die Festigkeit von Grängesberg-Pellets

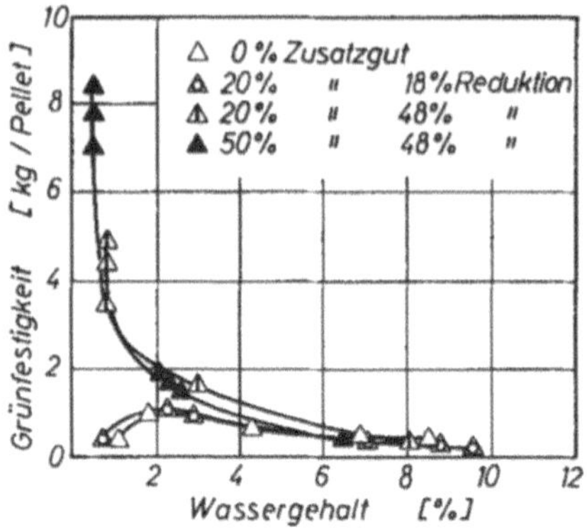

Abb. 23 Einfluß des Zusatzes von vorreduziertem Material auf die Festigkeit von Venezuela-Pellets

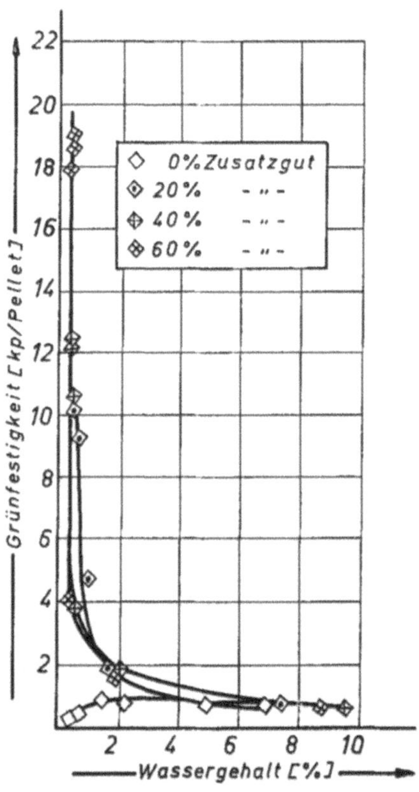

Abb. 24 Einfluß des Wassergehaltes auf die Festigkeit von Sydvaranger-Pellets (Zugabe: vorreduzierte gemahlene Pellets)

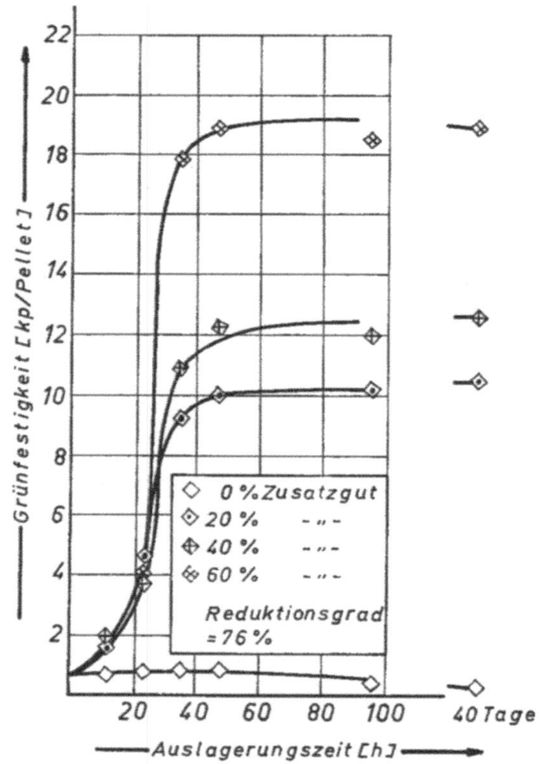

Abb. 25 Einfluß der Auslagerungszeit auf die Festigkeit von Sydvaranger-Pellets (Zugabe: vorreduzierte gemahlene Pellets)

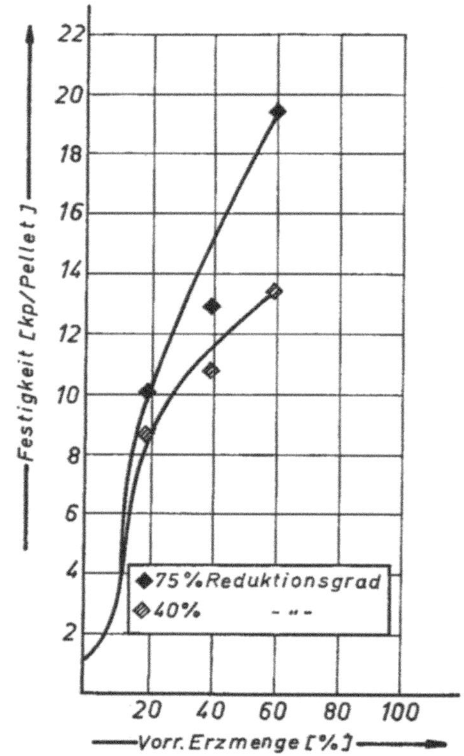

Abb. 26 Einfluß der Erzmenge

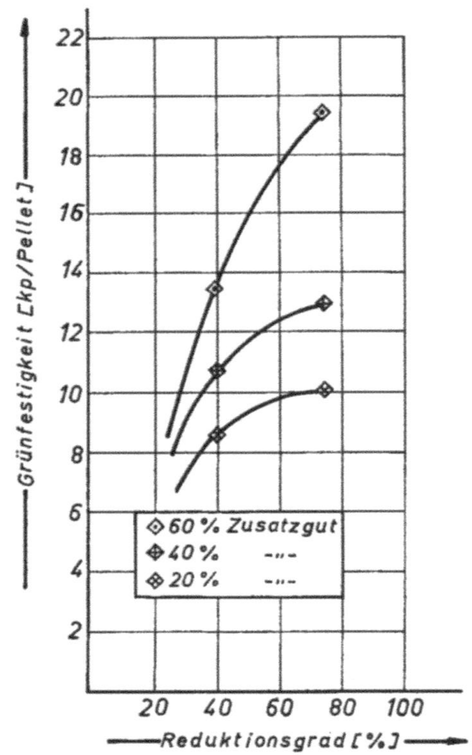

Abb. 27 Einfluß des Reduktionsgrades

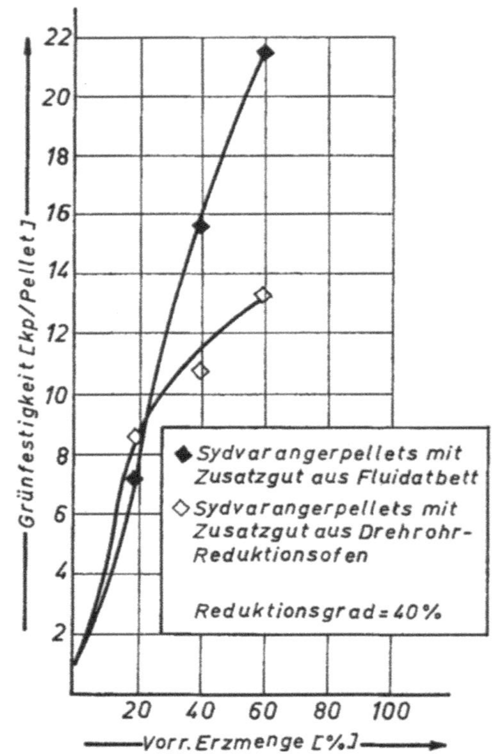

Abb. 28 Gegenüberstellung der Festigkeiten von Sydvaranger-Pellets mit Zusätzen von vorreduziertem Material aus einem Fluidatbett und von vorreduzierten aufgemahlenen Pellets

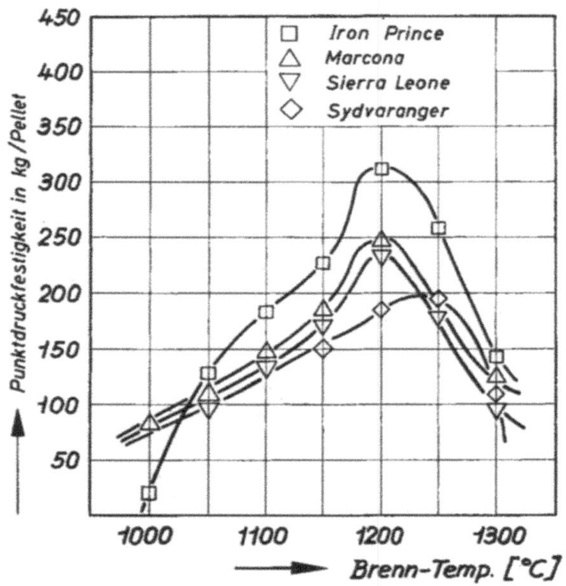

Abb. 29 Einfluß der Brenntemperatur auf die Punktdruckfestigkeit im Vergleich verschiedener Pelletsorten aus pelletierfeinen Erzen

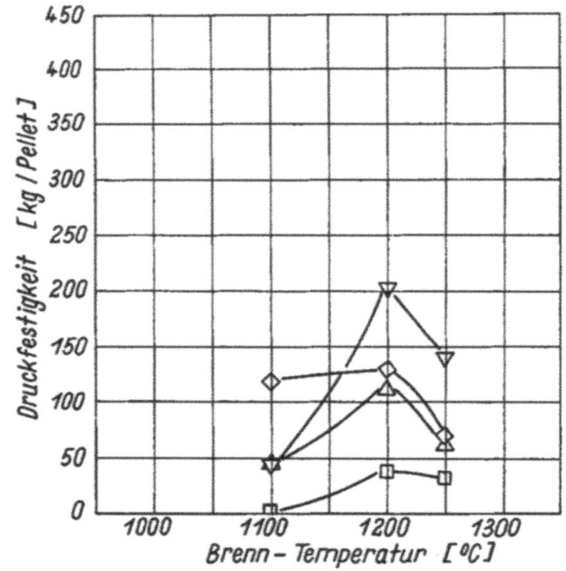

Abb. 30 Einfluß der Brenntemperatur auf die Punktdruckfestigkeit verschiedener Pelletsorten aus groben aufgemahlenen Erzen

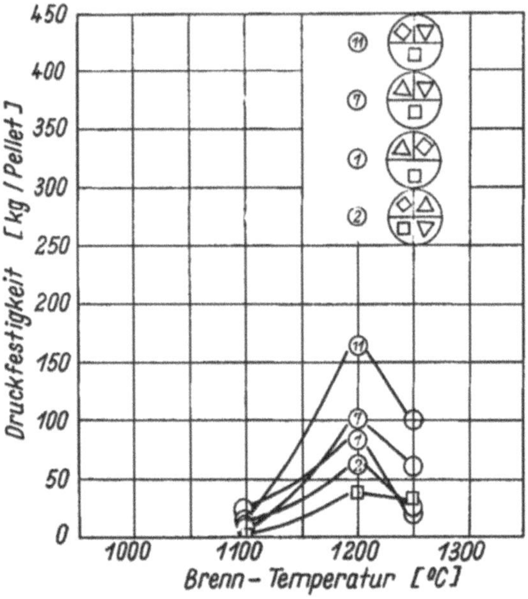

Abb. 31 Einfluß der Brenntemperatur auf die Punktdruckfestigkeit von Mischerzpellets mit Iron-Prince als Basiserz

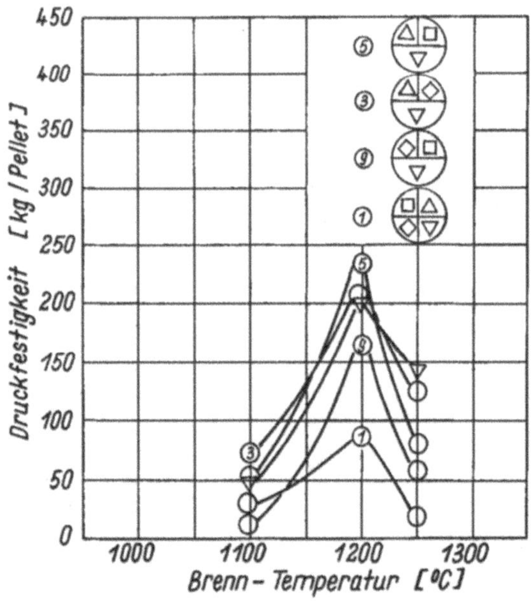

Abb. 32 Einfluß der Brenntemperatur auf die Punktdruckfestigkeit von Mischererzpellets mit Sierra-Leone als Basiserz

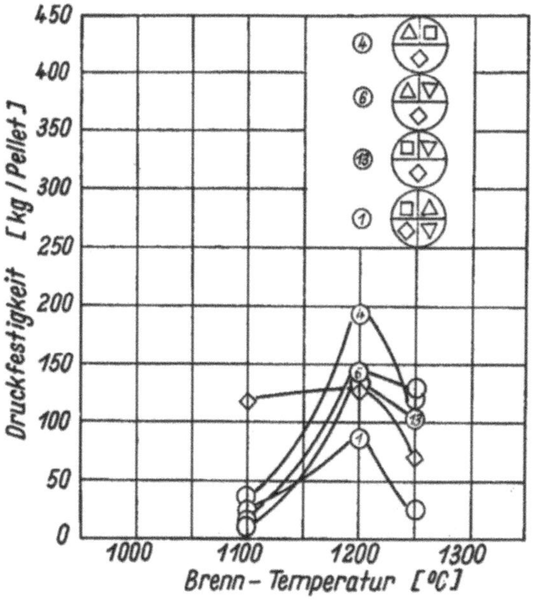

Abb. 33 Einfluß der Brenntemperatur auf die Punktdruckfestigkeit von Mischerzpellets mit Sydvaranger als Basiserz

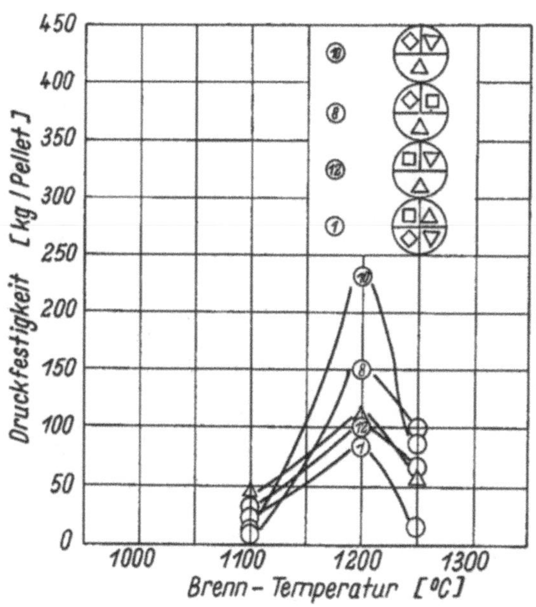

Abb. 34 Einfluß der Brenntemperatur auf die Punktdruckfestigkeit von Mischerzpellets mit Marcona als Basiserz

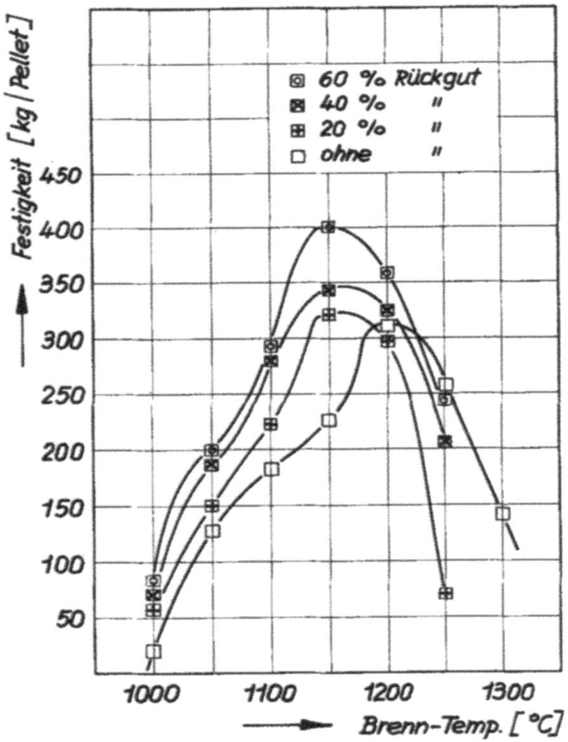

Abb. 35 Einfluß der Brenntemperatur auf die Punktdruckfestigkeit von Iron-Prince-Pellets mit vorgebranntem Rückgut

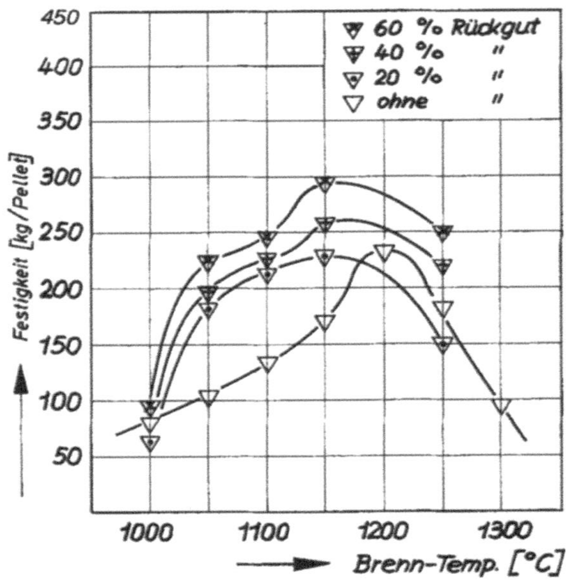

Abb. 36 Einfluß der Brenntemperatur auf die Punktdruckfestigkeit von Sierra-Leone-Pellets mit vorgebranntem Rückgut

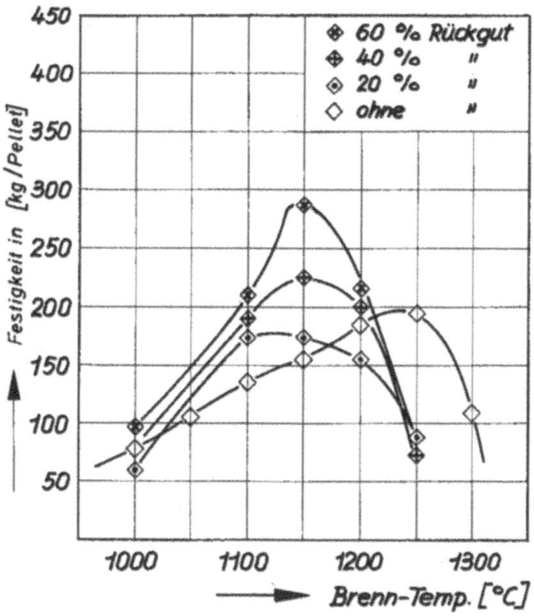

Abb. 37 Einfluß der Brenntemperatur auf die Punktdruckfestigkeit von Sydvaranger-Pellets mit vorgebranntem Rückgut

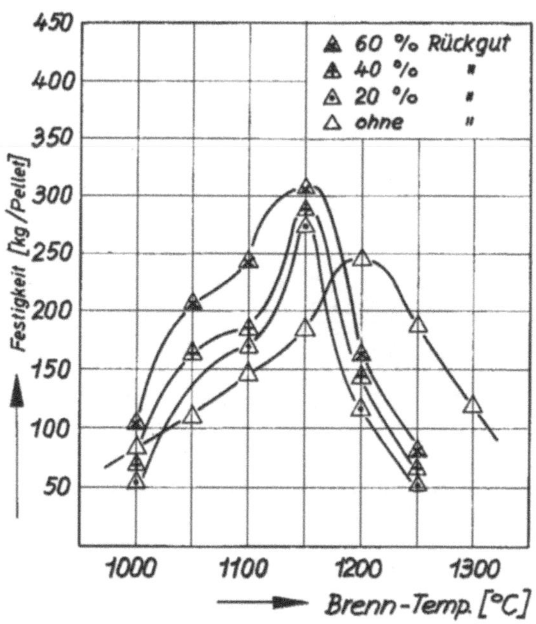

Abb. 38 Einfluß der Brenntemperatur auf die Punktdruckfestigkeit von Marcona-Pellets mit vorgebranntem Rückgut

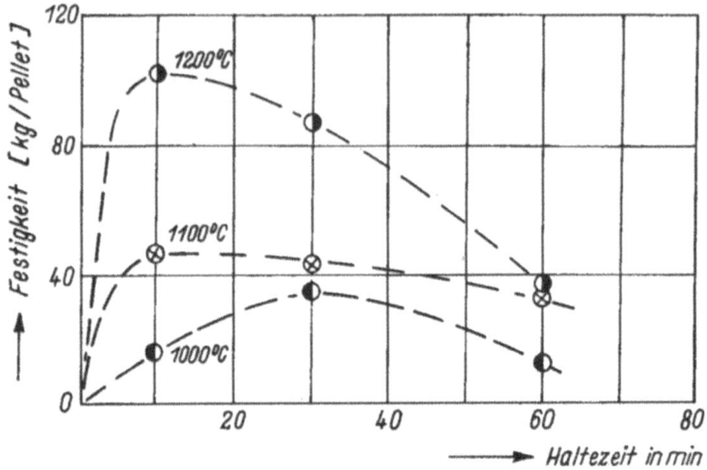

Abb. 39 Einfluß der Haltezeit bei maximaler Brenntemperatur auf die Punktdruckfestigkeit von Labradorerzpellets

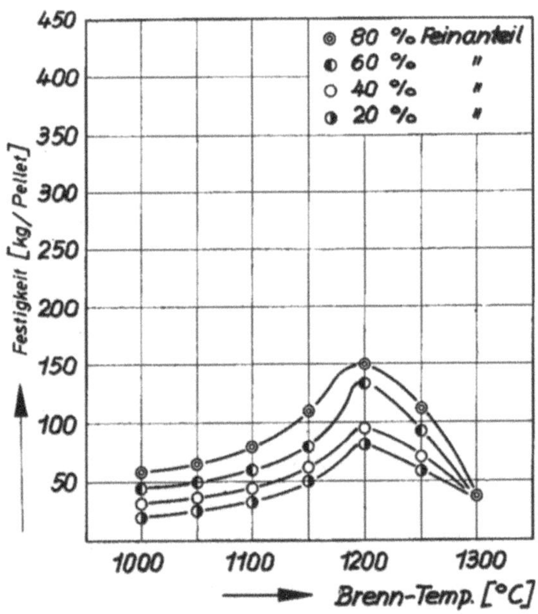

Abb. 40 Einfluß der Brenntemperatur auf die Punktdruckfestigkeit von Labradorerzpellets mit steigendem Feinanteil

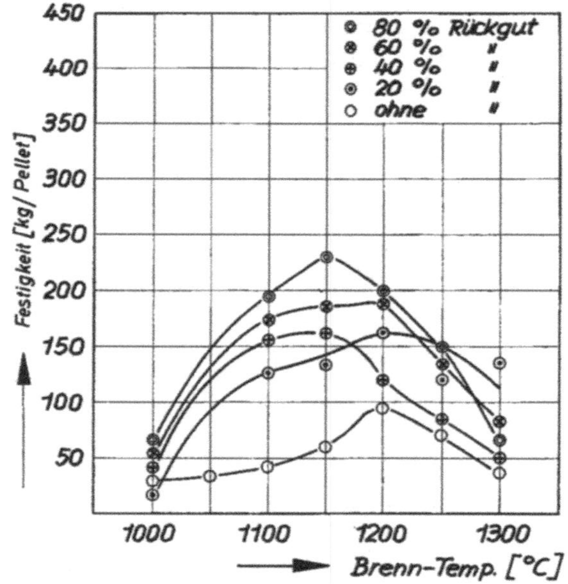

Abb. 41 Einfluß der Brenntemperatur auf die Punktdruckfestigkeit von Rückgutpellets aus Labradorerz und Rückgut (bei 1200° C vorgebrannt).
Aufmahlgrad von Erz und Rückgut 40% < 0,04 mm

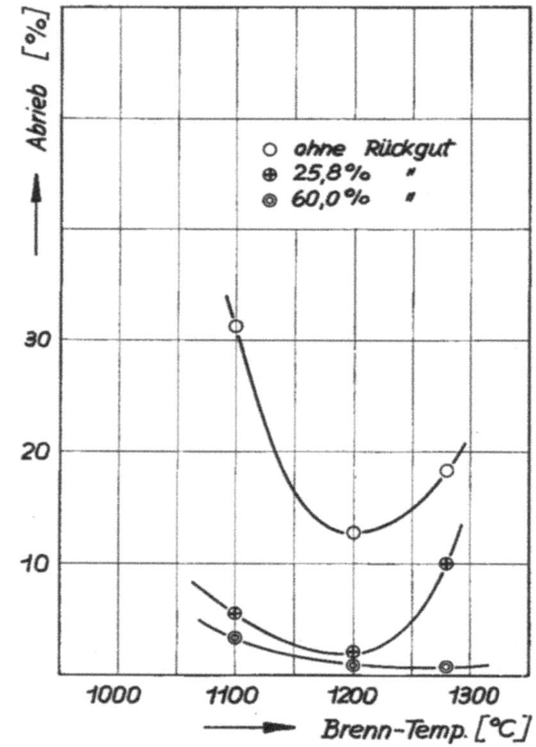

Abb. 42 Einfluß der Brenntemperatur auf die Abriebfestigkeit von Rückgutpellets aus Labradorerz
Abrieb < 5 mm > 0,063 mm

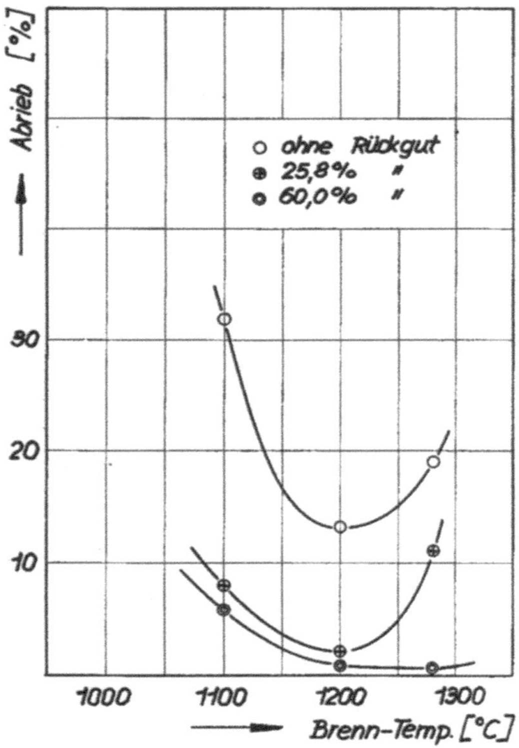

Abb. 43 Gesamtabrieb < 5 mm
Einfluß der Brenntemperatur auf die Abriebfestigkeit von Rückgutpellets aus Labradorerz

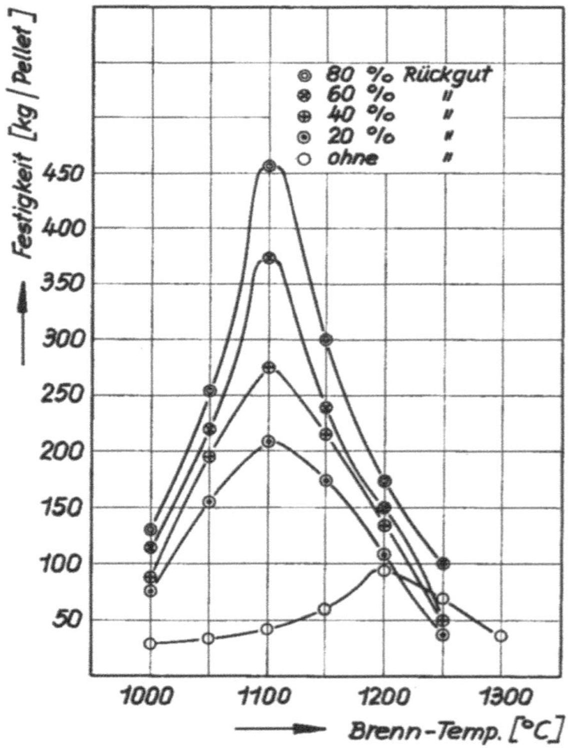

Abb. 44 Einfluß der Brenntemperatur auf die Punktdruckfestigkeit von Rückgutpellets aus Labradorerz und vorreduziertem Rückgut (35% Reduktionsgrad)

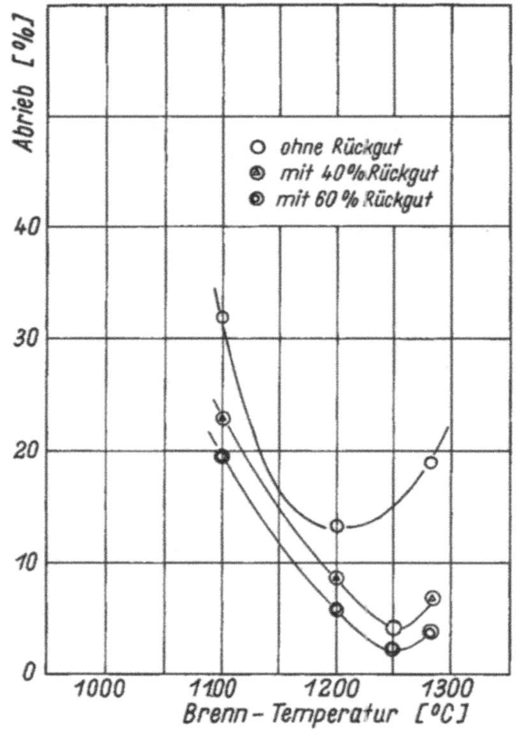

Abb. 45 Einfluß der Brenntemperatur auf die Abriebfestigkeit (Anteil 5 mm) von Rückgutpellets aus Labradorerz und vorreduziertem Rückgut (15% Reduktionsgrad)

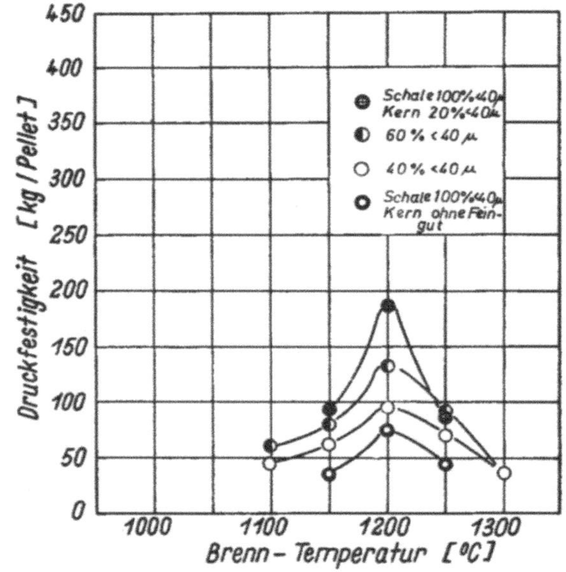

Abb. 46 Einfluß der Brenntemperatur auf die Punktdruckfestigkeit von Schalenpellets mit steigendem Feinanteil von innen nach außen

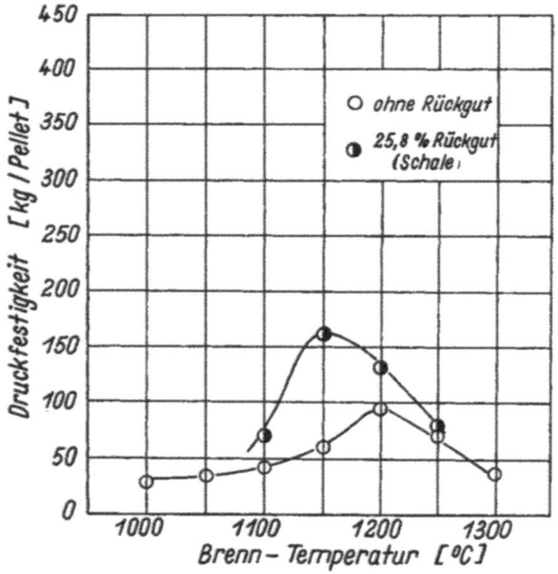

Abb. 47 Einfluß der Brenntemperatur auf die Punktdruckfestigkeit von Schalenpellets mit vorgebranntem Rückgut

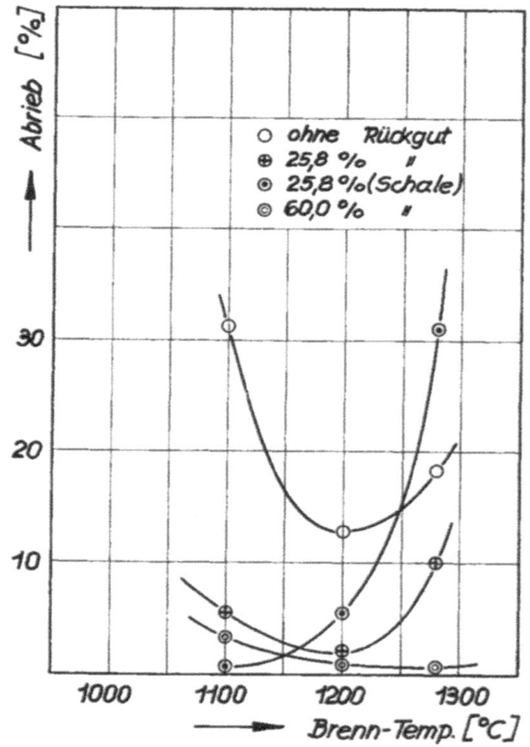

Abb. 48 Einfluß der Brenntemperatur auf das Abriebverhalten von Schalenpellets Abrieb < 5 mm und > 0,063 mm

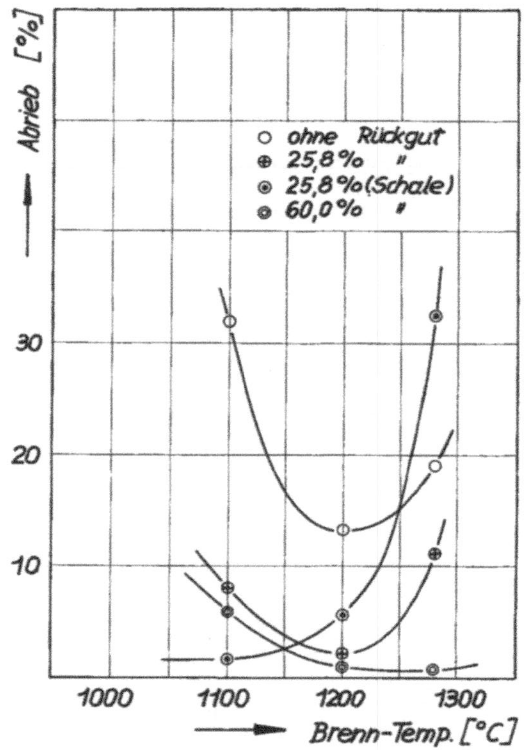

Abb. 49 Einfluß der Brenntemperatur auf das Abriebverhalten von Schalenpellets Gesamtabrieb < 5 mm

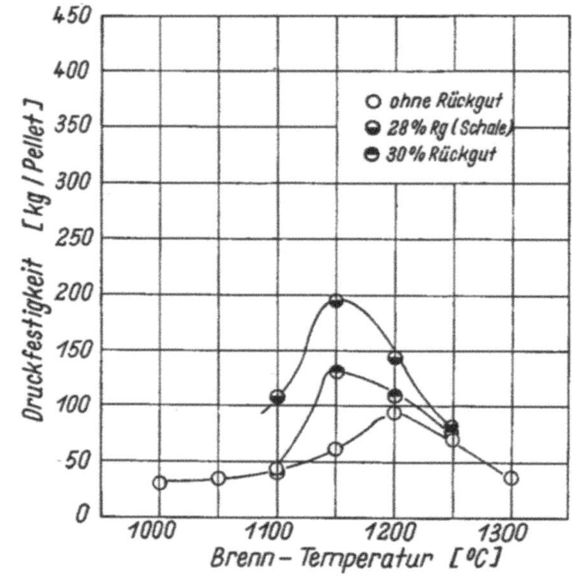

Abb. 50 Einfluß der Brenntemperatur auf die Punktdruckfestigkeit von Schalenpellets mit vorreduziertem Rückgut (20% Reduktionsgrad)

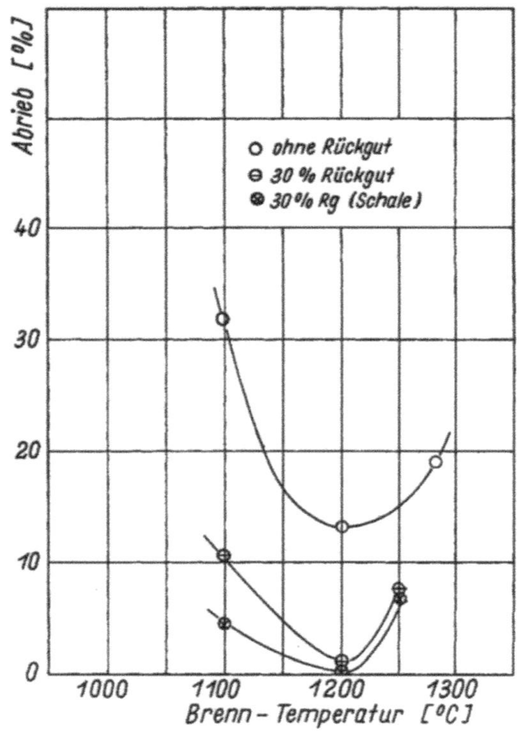

Abb. 51 Einfluß der Brenntemperatur auf das Abriebverhalten von Schalenpellets mit vorreduziertem Rückgut

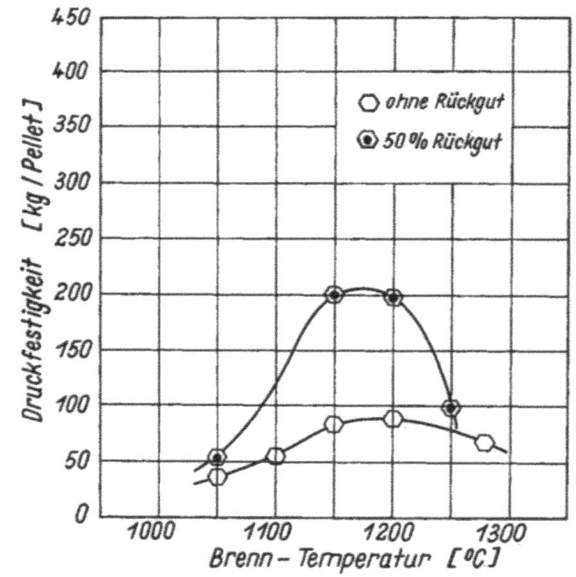

Abb. 52 Einfluß der Brenntemperatur auf Rückgutpellets aus chemisch reinem Fe_2O_3; die Rückgutvorbrenntemperaturen lagen bei 1200° C

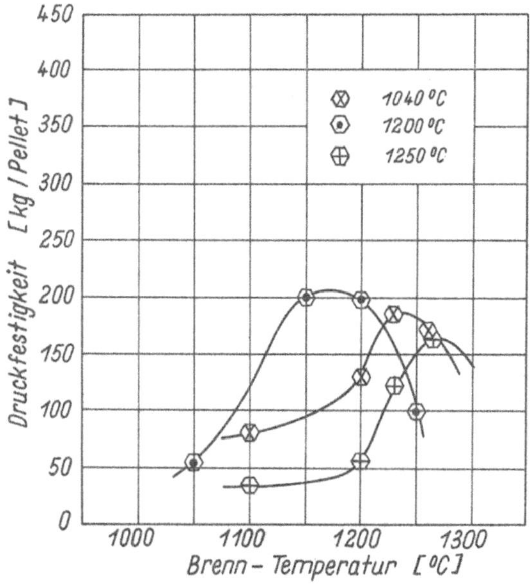

Abb. 53 Einfluß der Brenntemperatur auf Rückgutpellets aus chemisch reinem Fe_2O_3; die Rückgutvorbrenntemperaturen lagen bei 1040° C, 1200° C und 1250° C

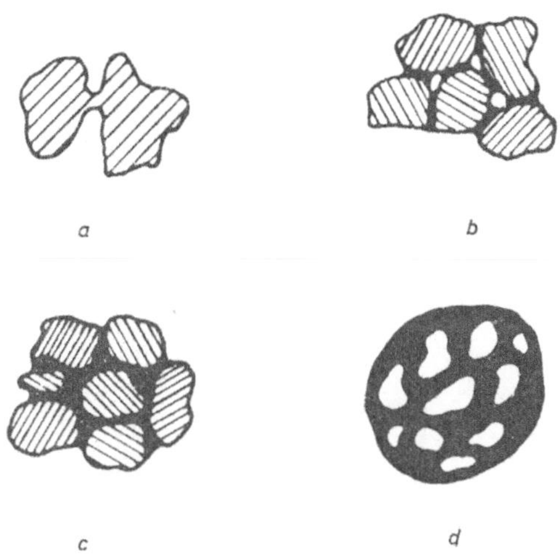

Abb. 54 Bindungsarten

a) feste Brücke
b) Flüssigkeitsbrücke
c) Kornverband durch kapillaren Druck zusammengehalten
d) Festkörperteilchen in einem Flüssigkeitstropfen eingebettet

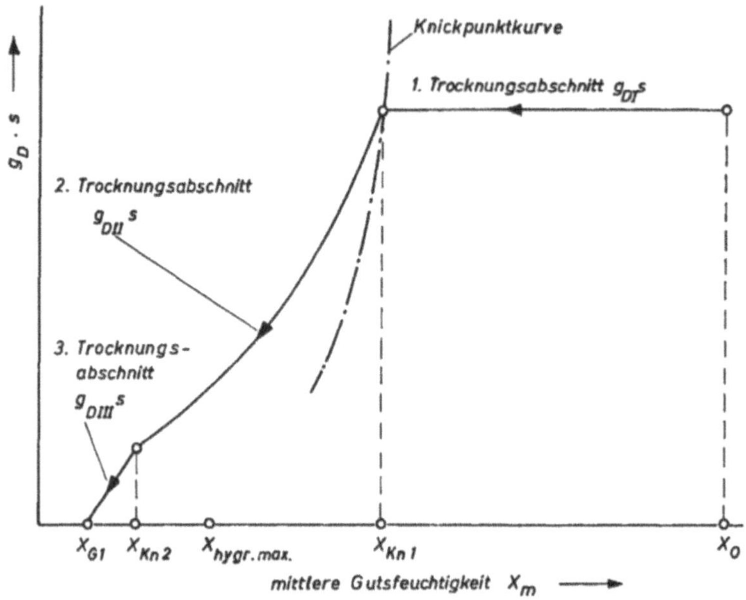

Abb. 55

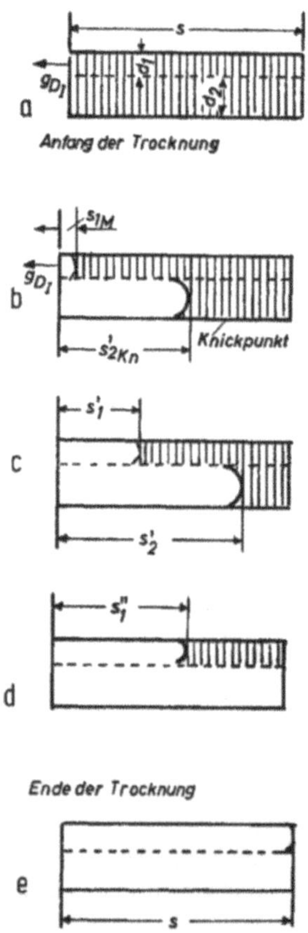

Abb. 56 Flüssigkeitsverteilung beim Trocknen in zwei untereinander verbundenen Kapillaren verschiedener Weite

Abb. 57 Elektronenmikroskopische Aufnahme von Erzteilchen

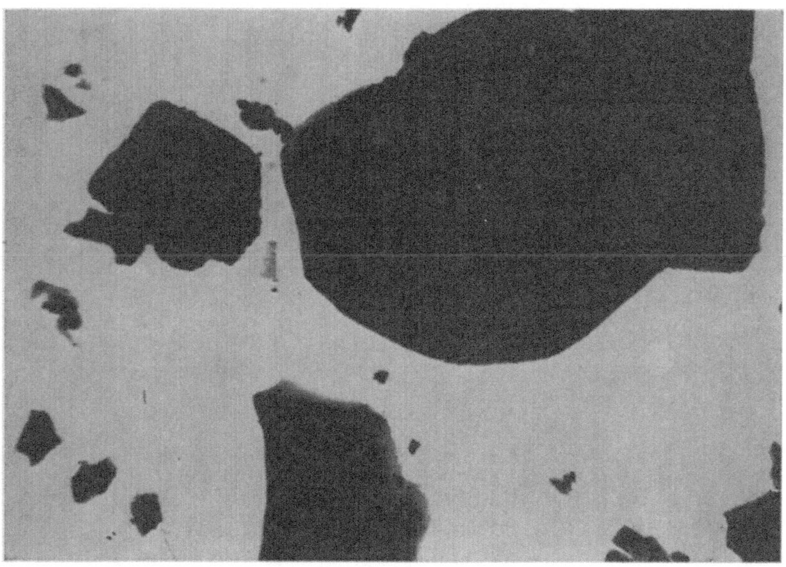

Abb. 58 Elektronenmikroskopische Aufnahme von oxydierend gebranntem Zusatzmaterial

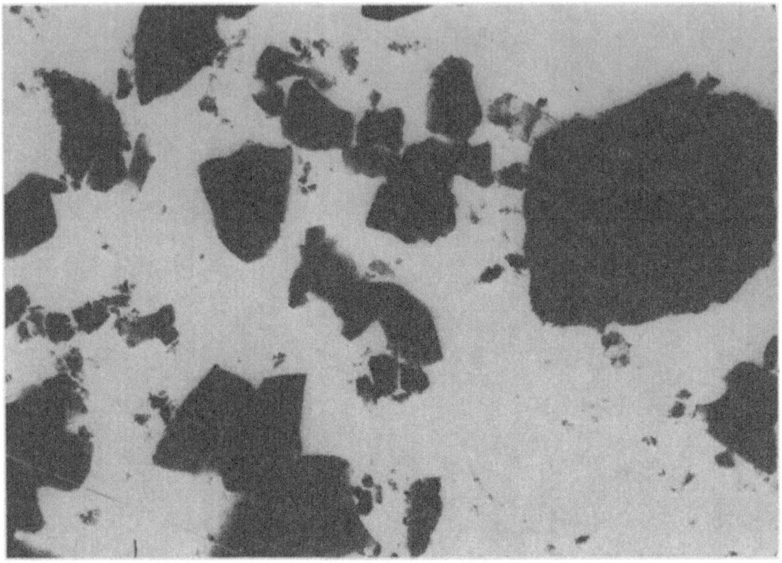

Abb. 59 Elektronenmikroskopische Aufnahme von vorreduziertem Material

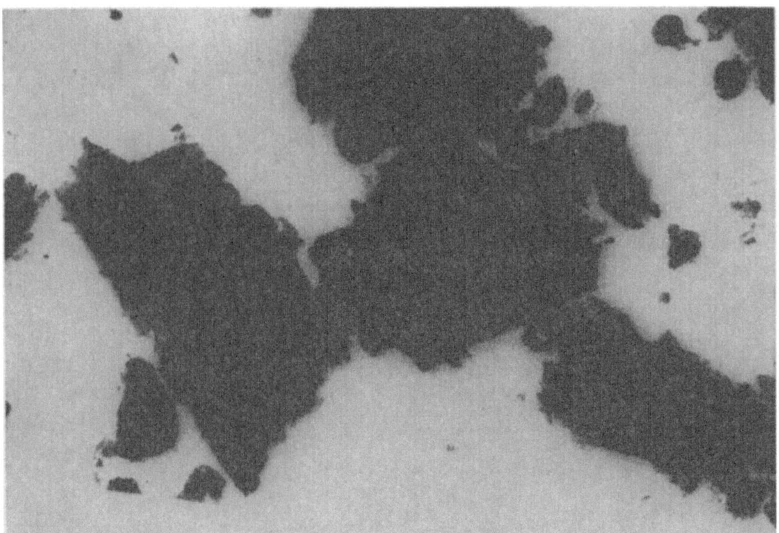

Abb. 60 Elektronenmikroskopische Aufnahmen der Feststoffbrücken

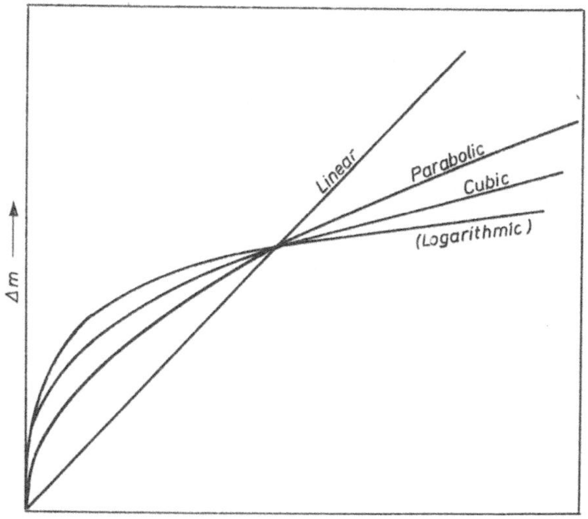

Abb. 61 Das Verhältnis von Oxydation zur Zeit

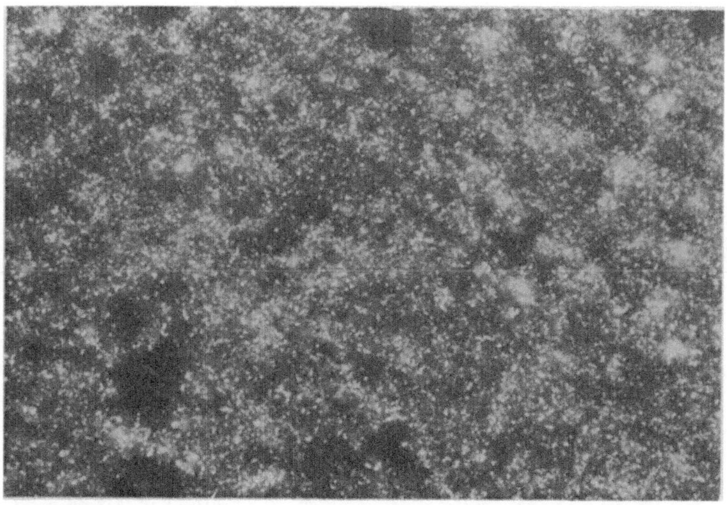

Abb. 62 Brenntemperatur 1100° C

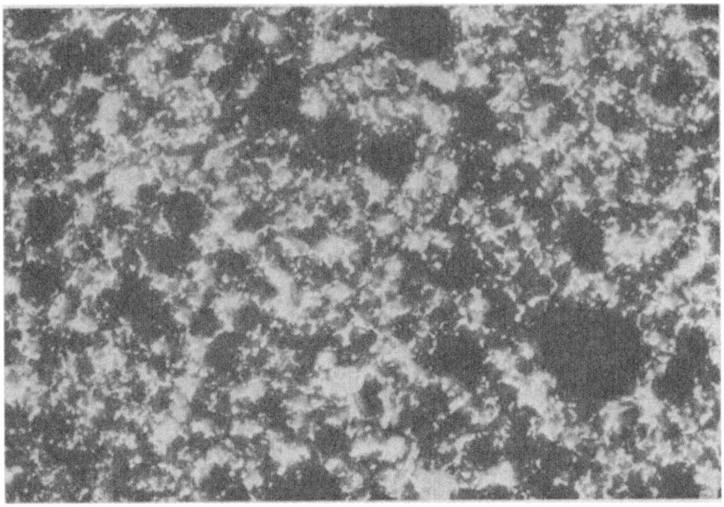

Abb. 63 Brenntemperatur 1200° C

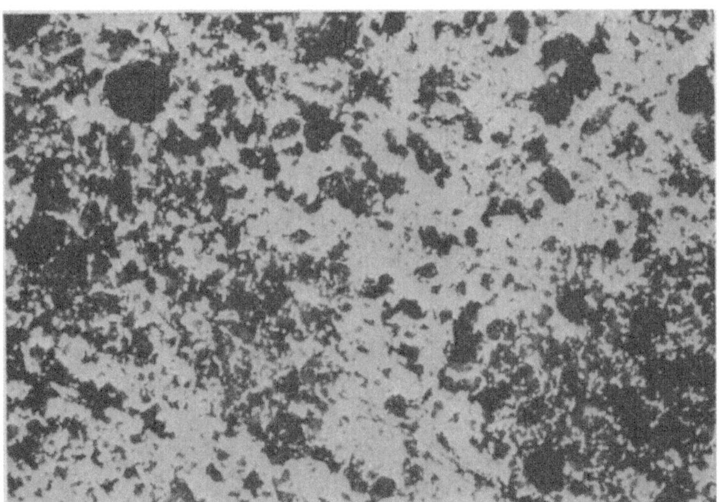

Abb. 64 Brenntemperatur 1240° C

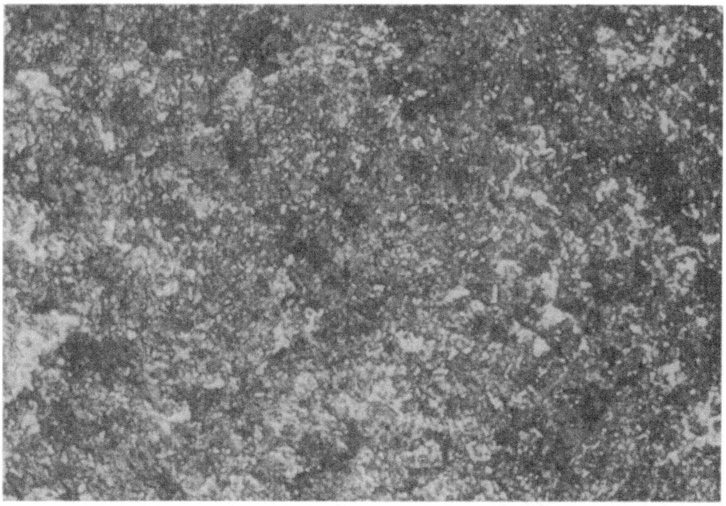

Abb. 65 Schliffbild eines Pellets mit 50% vorgebranntem Rückgut
Brenntemperatur 1200° C – Vergrößerung: 500fach

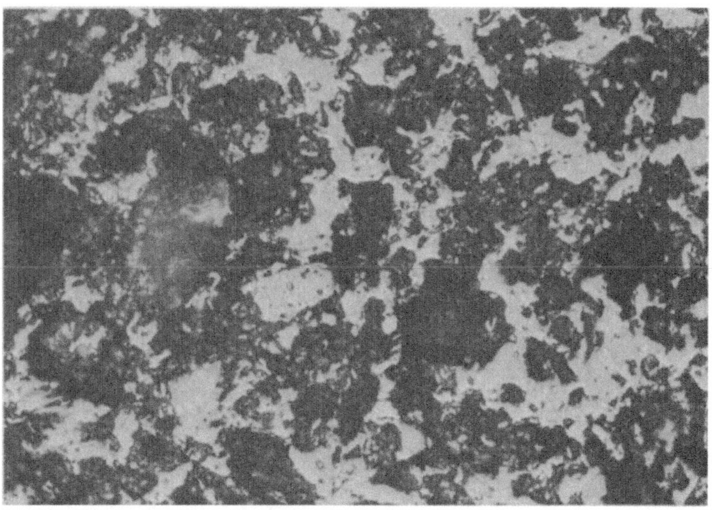

Abb. 66 Schliffbild eines Pellets ohne Zusatz
Brenntemperatur 1200° C – Vergrößerung: 500fach

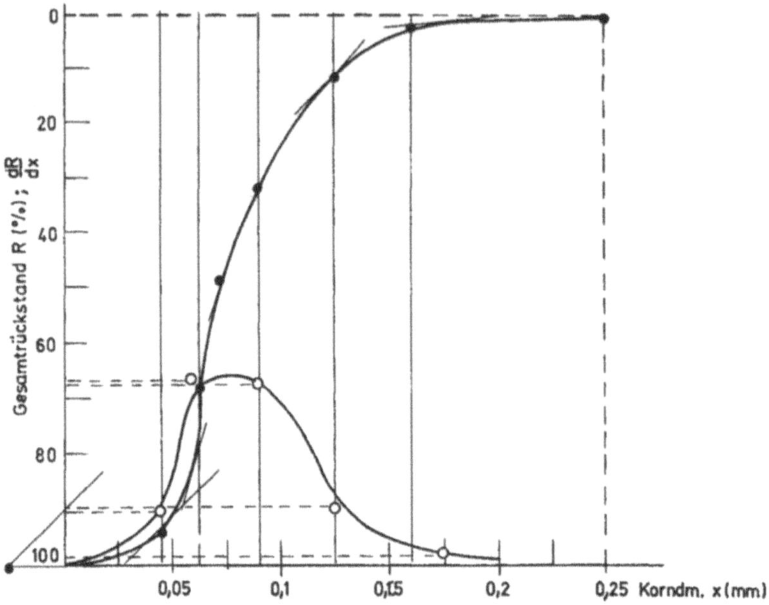

Abb. 67 Körnungskennlinie und Kornverteilungskurve des Ausgangskonzentrates (Sydvaranger)

Forschungsberichte des Landes Nordrhein-Westfalen

Herausgegeben im Auftrage des Ministerpräsidenten Heinz Kühn
von Staatssekretär Professor Dr. h. c. Dr. E. h. Leo Brandt

Sachgruppenverzeichnis

Acetylen · Schweißtechnik
Acetylene · Welding gracitice
Acétylène · Technique du soudage
Acetileno · Técnica de la soldadura
Ацетилен и техника сварки

Arbeitswissenschaft
Labor science
Science du travail
Trabajo científico
Вопросы трудового процесса

Bau · Steine · Erden
Constructure · Construction material ·
Soil research
Construction · Matériaux de construction ·
Recherche souterraine
La construcción · Materiales de construcción ·
Reconocimiento del suelo
Строительство и строительные материалы

Bergbau
Mining
Exploitation des mines
Minería
Горное дело

Biologie
Biology
Biologie
Biologia
Биология

Chemie
Chemistry
Chimie
Quimica
Химия

Druck · Farbe · Papier · Photographie
Printing · Color · Paper · Photography
Imprimerie · Couleur · Papier · Photographie
Artes gráficas · Color · Papel · Fotografía
Типография · Краски · Бумага · Фотография

Eisenverarbeitende Industrie
Metal working industry
Industrie du fer
Industria del hierro
Металлообработывающая промышленность

Elektrotechnik · Optik
Electrotechnology · Optics
Electrotechnique · Optique
Electrotécnica · Optica
Электротехника и оптика

Energiewirtschaft
Power economy
Energie
Energía
Энергетическое хозяйство

Fahrzeugbau · Gasmotoren
Vehicle construction · Engines
Construction de véhicules · Moteurs
Construcción de vehículos · Motores
Производство транспортных средств

Fertigung
Fabrication
Fabrication
Fabricación
Производство

Funktechnik · Astronomie
Radio engineering · Astronomy
Radiotechnique · Astronomie
Radiotécnica · Astronomía
Радиотехника и астрономия

Gaswirtschaft
Gas economy
Gaz
Gas
Газовое хозяйство

Holzbearbeitung
Wood working
Travail du bois
Trabajo de la madera
Деревообработка

Hüttenwesen · Werkstoffkunde
Metallurgy · Materials research
Métallurgie · Materiaux
Metalurgia · Materiales
Металлургия и материаловедение

Kunststoffe
Plastics
Plastiques
Plásticos
Пластмассы

Luftfahrt · Flugwissenschaft
Aeronautics · Aviation
Aéronautique · Aviation
Aeronáutica · Aviación
Авиация

Luftreinhaltung
Air-cleaning
Purification de l'air
Purificación del aire
Очищение воздуха

Maschinenbau
Machinery
Construction mécanique
Construcción de máquinas
Машиностроительство

Mathematik
Mathematics
Mathématiques
Mathemáticas
Математика

Medizin · Pharmakologie
Medicine · Pharmacology
Médecine · Pharmacologie
Medicina · Farmacología
Медицина и фармакология

NE-Metalle
Non-ferrous metal
Metal non ferreux
Metal no ferroso
Цветные металлы

Physik
Physics
Physique
Física
Физика

Rationalisierung
Rationalizing
Rationalisation
Racionalización
Рационализация

Schall · Ultraschall
Sound · Ultrasonics
Son · Ultra-son
Sonido · Ultrasónico
Звук и ультразвук

Schiffahrt
Navigation
Navigation
Navegación
Судоходство

Textilforschung
Textile research
Textiles
Textil
Вопросы текстильной промышленности

Turbinen
Turbines
Turbines
Turbinas
Турбины

Verkehr
Traffic
Trafic
Tráfico
Транспорт

Wirtschaftswissenschaften
Political economy
Economie politique
Ciencias económicas
Экономические науки

Einzelverzeichnis der Sachgruppen bitte anfordern

Westdeutscher Verlag · Köln und Opladen
567 Opladen/Rhld., Ophovener Straße 1–3, Postfach 1620

GPSR Compliance

The European Union's (EU) General Product Safety Regulation (GPSR) is a set of rules that requires consumer products to be safe and our obligations to ensure this.

If you have any concerns about our products, you can contact us on ProductSafety@springernature.com

In case Publisher is established outside the EU, the EU authorized representative is:

Springer Nature Customer Service Center GmbH
Europaplatz 3
69115 Heidelberg, Germany

Batch number: 10584556

Printed by Printforce, the Netherlands